国家出版基金项目
NATIONAL PUBLICATION FOUNDATION

走近航天科普丛书

仰望星空

——航天基础知识问答

陈占胜 主编

中国宇航出版社

·北京·

图书在版编目(CIP)数据

仰望星空：航天基础知识问答 / 陈占胜主编. --
北京：中国宇航出版社，2020.12
　(走近航天科普丛书)
　ISBN 978-7-5159-1885-3

　Ⅰ.①仰… Ⅱ.①陈… Ⅲ.①航天－普及读物 Ⅳ.
①V4-49

中国版本图书馆 CIP 数据核字(2020)第 268584 号

责任编辑 汪秀明
责任校对 马　喆　　　　**装帧设计** 宇星文化

出 版 发 行	**中国宇航出版社**

社　址	北京市阜成路 8 号　邮　编　100830	版　次	2020 年 12 月第 1 版
	(010)60286808　　(010)68768548		2020 年 12 月第 1 次印刷
网　址	www.caphbook.com	规　格	787×960
经　销	新华书店	开　本	1/16
发行部	(010)60286888　　(010)68371900	印　张	22.25
	(010)60286887　　(010)60286804(传真)	字　数	352 千字
零售店	读者服务部	书　号	ISBN 978-7-5159-1885-3
	(010)68371105	定　价	88.00 元
承　印	北京中科印刷有限公司		

本书如有印装质量问题，可与发行部联系调换

《仰望星空 —— 航天基础知识问答》
编委会名单

编审委员会

顾　　问　陈效真

主　　任　陈占胜

副 主 任　信太林　张铁钧

委　　员　王　伟　王　真　孙　斌　金　鑫

宋丽君　胡群芳　李　颖　姚红莲

何海燕

编写委员会

主　　编　陈占胜

副 主 编　王　伟　金　鑫　宋丽君　胡群芳

委　　员　（按姓氏音序排列）

陈欣祎　段晓闻　高瑞麟　耿志卿

何　星　李朝将　李海洋　刘　贞

陆　希　苏泰玉　许　俊　张　晓

张红英　郑惠欣　郑中鹏

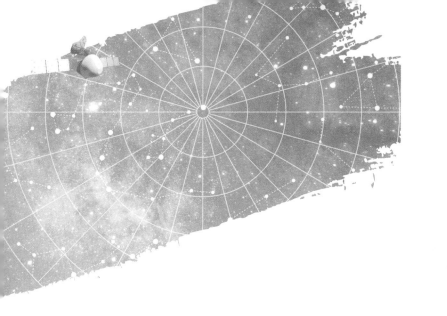

序

　　远古时代，人们便开始观察太阳、月亮、星星，根据它们在不同时间的位置，发现、总结其运行规律，编制历法，用于指导日常生活和农牧生产。可以说，天文学是最古老的自然科学之一。近现代以来，随着天体力学等理论以及观测技术的发展，人们对宇宙及宇宙中各种天体和天文现象的认识，达到了前所未有的深度和广度。进入 21 世纪后，世界主要航天国家纷纷制定深空探测计划，希望通过深空探测，加深对宇宙奥秘的认识，促进对生命起源的探索。

　　"探索浩瀚宇宙，发展航天事业，建设航天强国，是我们不懈追求的航天梦。"中国航天事业经过 60 多年的发展，经过几代航天人的接续奋斗，创造了以"两弹一星"、载人航天、月球探测为代表的辉煌成就，走出了一条自力更生、自主创新的发展道路，积淀了深厚博大的航天精神。航天，也越来越受到社会各界的广泛关注。不仅"神舟""嫦娥""北斗""天问"等重大航天工程吸引了众人的目光，大量航天技术也已经渗透到我们生活的方方面面。但是，当人们想要了解相关的航天知识时，却常常发现，检索到的大多是深奥难懂的专业书籍，社会大众了解航天、走近航天的渠道还不够畅通。

　　2016 年，习近平总书记在"科技三会"上指出，科技创新、科学普及是实现创新发展的两翼，要把科学普及放在与科技创新同等重要的位置。没有全民科学素质普遍提高，就难以建立起宏大的高素质创新大军，难以实现科技成果快速转化。

为了将中国航天的丰富内涵与伟大成就在全民中普及，满足社会大众特别是青少年读者对航天知识的渴求，让航天知识能够在更大范围内传播，陈占胜主编组织专家编写了《仰望星空——航天基础知识问答》一书。全书分为浩瀚宇宙、地球家园、飞向太空、探寻生命、梦逐未来五章，从宇宙起源开始，介绍了宇宙、星系及太阳系的相关知识，接下来从宇宙的视角，对地球家园的有关问题展开解答，进而拓展到人类冲出地球、进入太空的发展历程，不仅使火箭、卫星、飞船、空间站、深空探测器等知识点在一个个问答中逐渐清晰，还在此基础上对地外文明展开了探索，并对人类、航天和宇宙的未来进行了展望。

本书是航天基础知识的集合，图文并茂、深入浅出、通俗易懂，对于社会大众掌握航天知识、提高科技素质、增强创新意识，在全社会弘扬科学精神、传播科学思想、倡导科学方法，形成学科学、爱科学、用科学的良好氛围，将会产生积极的促进作用。在普及航天知识的同时，引导青少年热爱航天，投身航天，为建设航天强国，实现航天梦、中国梦做出贡献。

中国探月工程总设计师
中国 工 程 院 院 士

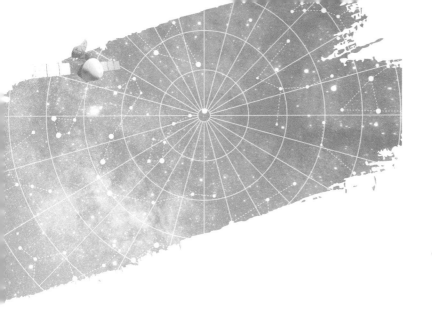

前 言

　　天文学是人类最早接触并研究的科学领域之一。千百年来，人类的祖先仰望星空，不断探索，试图回答宇宙起源与演化、天体起源与演化，以及生命起源与演化等重大科学问题。

　　关于宇宙起源的假说有很多。在中国，历来就有盘古开天辟地的传说。当然，这只是人们臆想出来的神话，不具科学性，但这体现出中国古代人民朴素的宇宙观以及对宇宙起源的积极思考。目前，大家普遍认同的假说是，1927 年由比利时天文学家和宇宙学家勒梅特首次提出的宇宙大爆炸假说。宇宙大爆炸假说认为，宇宙是于 138.2 亿年前，由一个致密炽热的奇点在一次大爆炸后膨胀形成的。宇宙形成早期温度极高，只有中子、质子、电子、光子等基本粒子形态；当温度降到 10 亿摄氏度左右的时候，中子已经无法自由存在，化学元素开始形成；当温度降到几千摄氏度的时候，宇宙间充满气态物质，气体凝结成气云，再进一步形成各种各样的恒星体系，从而形成我们今天看到的宇宙。

　　相对于浩瀚宇宙，地球和人类无疑是渺小的。人类在探索宇宙奥秘的征程中虽然不断前行，但是对于宇宙的奥秘仍然知之甚少，对宇宙未知的探索，驱动着航天科技事业的不断发展。

　　习近平总书记指出："探索浩瀚宇宙，发展航天事业，建设航天强国，是我们不懈追求的航天梦。"青少年是未来建设航天事业的中坚力量，为了向广大读者特别是青少年读者普及航天知识，激发青少年朋友的探索热情，我们组织编写了《仰望星空——航天基础知识问答》一书。

本书共分五章。第一章浩瀚宇宙，从宇宙的起源入手，介绍天文学的基础知识，着重讲解宇宙、星系、银河系、太阳系的构成，以及太阳系内的行星等。第二章地球家园，介绍地球起源与构造、人类家园美丽而奇异的景象，以及地球为人类提供的自然资源等。第三章飞向太空，介绍人类飞向太空的重大意义、重要节点，各类航天运载器和空间飞行器，以及人类月球探测、火星探测等深空探测活动。第四章探寻生命，探索适宜人类居住的地外星球，介绍地外文明可能的存在形式，以及寻找地外生命的各种科学仪器等。第五章梦逐未来，介绍人类未来如何高效利用太空资源、如何进行太空移民和星际旅行，以及人类和宇宙的终极命运等。

本书在系统回答 80 个科学问题的基础上，增加了对相关知识的链接，图文并茂，通俗易懂，具有系统性强、内容新颖、引人入胜的特点，得到国家出版基金资助。

本书由上海卫星工程研究所陈占胜研究员主编。上海卫星工程研究所陈占胜研究员、王伟研究员组织编写第一、四章，西安建筑科技大学宋丽君教授组织编写第二章，北京理工大学金鑫教授组织编写第三、五章。

本书编写团队长期从事航天科技知识普及活动，本书凝聚了他们多年来的航天科普成果。相信本书的出版，对于向青少年普及航天科技知识，提高青少年的科学素养，乃至使他们早日成为航天强国的建设者，将起到积极的促进作用。

在这里，要特别感谢中国航天电子技术研究院陈效真总师的悉心指导、大力支持和热心帮助，他对本书提出了许多方向性建议和具体修改意见；感谢张铁钧、孙斌、信太林、谢建玲、丁文华、胡群芳、李颖、舒适、姚红莲、何海燕、秦冉冉，他们在本书审稿过程中提出了很多中肯的修改建议；感谢张晓、耿志卿、王旭生、许俊、刘畅、郑中鹏、李朝将、高瑞麟、苏泰玉、何星等，他们先后参加了本书部分内容的编写和校对工作。此外，本书还参考了国内外专家、学者的最新研究成果，在此一并向他们致以诚挚的谢意。

由于时间仓促，书中难免存在差错和疏漏，敬请广大读者批评指正。

陈占胜

2020 年 11 月　于上海

目 录

第一章　浩瀚宇宙

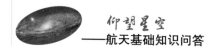

第二章 地球家园

第三章 飞向太空

第四章　探寻生命

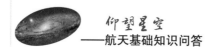

第五章 梦逐未来

第一章
浩瀚宇宙

1 人类是怎么认识宇宙的?

　　仰望星空,人们总会涌起对未知宇宙奥秘的渴望——宇宙是什么? 宇宙是如何起源的? 广义的宇宙定义是对万物的总称,是时间和空间的统一。而狭义的宇宙定义则是地球大气层以外的空间和物质。目前可观测宇宙年龄大约为138.2亿年,最新研究认为,宇宙的直径可达到约930亿光年(可观测),甚至更大。《淮南子》将宇宙定义为:"往古来今谓之宙,四方上下谓之宇。"《庄子·庚桑楚》里有:"有实而无乎处者,宇也; 有长而无本剽者,宙也。"可见,对宇宙起源的思考贯穿了整个人类文明史。

　　在中国,历来就有盘古开天辟地的传说。在天地还未开辟前,宇宙就像一个大鸡蛋,混沌一团。有个叫盘古的巨人在这个"大鸡蛋"中一直酣睡了约18000年,盘古醒来后,凭借着自己的神力把天地开辟出来。他的左眼变

图1　仰望宇宙银河

成了太阳，右眼变成了月亮；头发和胡须变成了夜空中的星星；身体变成了东、西、南、北四极和雄伟的三山五岳；血液变成了江河；牙齿、骨骼和骨髓变成了地下矿藏；皮肤和汗毛变成了大地上的草木；汗水变成了雨露。当然，这只是人们臆想出来的神话，不具有科学性，但这体现出中国古代人民朴素的宇宙观以及对宇宙起源的积极思考。

盖天说是我国最古老的宇宙学说之一。"天似穹庐，笼盖四野，天苍苍，野茫茫，风吹草低见牛羊。"当来到茫茫原野，举目四望，见天空有如巨大的半球形天盖笼罩大地，而无垠大地在远处似与天相接。这一景象无疑会使人们产生天在上、地在下、天盖地的宇宙观念。

之后，人们又提出浑天说。在张衡的《浑天仪注》中，宇宙被描述为"天地各乘气而立……天转如车毂之运也，周旋无端，其形浑浑，故曰浑天也"，打破了传统"天圆地方"的错误观点，明确了"天球套地球"的思想，彻底贯彻了"方则俱方，圆则俱圆"的原则，既体现了宇宙的和谐性，又符合宇宙理论本身逻辑一致性的要求。张衡还进一步描绘了天球并非正球形，而呈椭球形，同时还指明了科学的验证方法。

宣夜说是中国古代另一种宇宙学说。按照盖天、浑天的体系，日月星辰都有一个依靠，或附在天盖上，随天盖运动，或附在鸡蛋壳式的天球上，跟着天球东升西落。而宣夜说主张"日月众星，自然浮生于虚空之中，其行其止，皆须气焉"，创造了天体漂浮于气体中的理论，并且进一步发展，认为连天体自身，包括遥远的恒星和银河都是由气体组成的。这种令人惊异的思想，竟和现代天文学的许多结论一致，充分体现了古人的智慧。

图 2　从宇宙空间站拍摄的地球

古埃及人认为地球是被植物覆盖躺卧着的女神盖布的身姿，天神努特则弯曲着身体被大气之神支撑着，太阳神和月神各自乘坐两艘小船每天横穿过尼罗河，消失在死亡的黑暗中。古印度人认为世界由三头大象支撑，三头巨象乘坐在毗湿奴之神化身的巨大龟背上，象动时就会发生地震，而那些大龟坐在化身为水的眼镜蛇上，与眼镜蛇长长的尾端连接的地方则为天镜。

图3　古埃及的天神与法老

　　从13世纪到17世纪左右，地心说一直是天主教教会公认的世界观。地心说又名天动说，最初由米利都学派形成初步理念，后由古希腊学者欧多克斯提出，然后经亚里士多德、托勒密进一步发展而逐渐建立和完善起来。托勒密认为，地球处于宇宙的中心，静止不动。从地球向外依次有月球、水星、金星、太阳、火星、木星和土星，在各自的轨道上绕地球运转。地心说当时不仅是天文学上的理念，也灌入了哲学思想，认为神在宇宙中心安置地球这个人类居住的特殊天体。地球是宇宙中心的同时，也是全部天体的统领。

图4　托勒密及其地心说

其他都是从属于地球的，以跟着统领的形式运动。在中世纪，欧洲把当时亚里士多德哲学作为地心体系的骨架，并汲取了基督教神学，地心说被看作了正式的宇宙观。

1543年，哥白尼在《天体运行论》中正式提出了"日心说"的观点，认为太阳是行星系统的中心，一切行星都绕太阳旋转。地球也是一颗行星，它一面像陀螺一样自转，另一面又和其他行星一样围绕太阳转动。在中世纪的欧洲，地心说由于符合神权统治理论的需要，一直占有统治地位。为了捍卫日心说，不少仁人志士与黑暗的神权统治势力进行了前仆后继的斗争，并付出了血的代价。

1608年，利普赛发明了望远镜。1609年，开普勒发展了日心说，开普勒三定律揭示了地球和行星都在椭圆轨道上绕太阳公转，为牛顿万有引力定律的提出奠定了基础。1610年，伽利略将望远镜加以改造后指向苍穹，并发表了划时代的著作《星际使者》。朦胧的银河原来是无边的星海，皎洁的月亮上竟然布满了环形山，灿烂的太阳哪知会有黑子，而金星的相位变化和木星的4颗卫星恰恰是日心说最可靠的证据。1687年，牛顿提出了万有引力定律，使哥白尼的学说获得更稳固的科学基础。

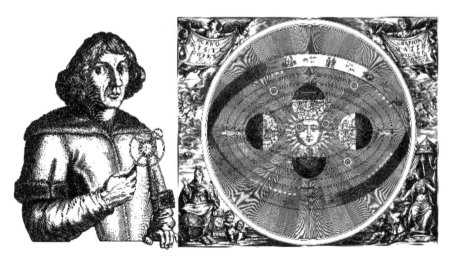

图5　哥白尼（左）及其天体运行论（右）

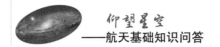

1905 年 ~1915 年，爱因斯坦提出狭义相对论和广义相对论，相对论中提出了"同时的相对性""四维时空""弯曲时空"等全新的概念，极大地改变了人类对宇宙和自然的"常识性"观念。

1927 年，比利时天文学家和宇宙学家勒梅特首次提出了宇宙大爆炸假说。1929 年，美国天文学家哈勃根据假说提出星系的红移量与星系间的距离成正比的哈勃定律，并推导出星系都在互相远离的宇宙膨胀说。

图 6 宇宙大爆炸

参考文献

［1］　http：//www.astron.ac.cn/bencandy-2-15161-1.htm.

［2］　李晓林.《淮南子》中的宇宙起源思想［J］.陕西学前师范学院学报，1997（2）：30-33.

［3］　https：//en.wikipedia.org/wiki/Big_Bang.

［4］　Craig W L.Theism and the Origin of the Universe［J］.Erkenntnis，1998，48（1）：49-59.

［5］　Peebles，P.J.E.Ratra，Bharat.The cosmological constant and dark energy［J］.Reviews of Modern Physics，2003，75（2）：559-606.

［6］　Melchiorri，Alessandro，Ade，Peter A.R.，de Bernardis，Paolo，et al.A Measurement of Ω from the North American Test Flight of Boomerang［J］.The Astrophysical Journal Letters，2000，536（2）：63-66.

［7］　Steigman，Gary.Primordial Nucleosynthesis： Successes and Challenges［J］.International Journal of Modern Physics，2006，15（1）：1-36.

相关链接

宇宙大爆炸

　　1927年，比利时天文学家和宇宙学家勒梅特首次提出宇宙大爆炸假说，认为宇宙曾有一段从热到冷的演化史。在这时期，宇宙体系不断膨胀，使物质密度从密到稀演化，如同一次规模巨大的爆炸。"大爆炸宇宙论"认为，宇宙是于138.2亿年前，由一个致密炽热的奇点在一次大爆炸后膨胀形成的。早期的温度极高，宇宙间只有中子、质子、电子、光子等基本粒子形态的物质。当温度降到10亿摄氏度左右时，中子已经无法自由存在，化学元素开始形成。当温度降到几千摄氏度时，宇宙间充满气态物质，气体凝结成气云，再进一步形成各种各样的恒星体系，成为我们今天看到的宇宙。

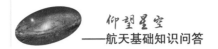
2 宇宙是由什么构成的?

当代天文学研究表明，宇宙是有层次结构、物质形态多样、不断运动发展的天体系统。宇宙可能是类似于马鞍状的负弯曲形状。该说法源于宇宙大爆炸理论，整个宇宙外形如同一个吹起的气球，我们则生活在宇宙的"表面"。同时，也有科学家认为宇宙是平坦的。斯蒂芬·霍金表示，我们宇宙的形状可能是一种难以置信的几何图形，更接近于超现实主义的艺术。

图 1 呈螺旋状的超新星星座

霍金的想法以弦理论为依据。弦理论认为，组成所有物质的最基本单位是一小段"能量弦线"，大至星际银河，小至电子、质子、夸克一类的基本粒子，都由这占有二维时空的"能量线"所组成，超弦理论还可以解决一些和黑洞相关的问题。但该理论目前仍然处于假设中，未被验证。若用语言描述宇宙形状，应是整体呈现多重镶嵌模式，具有无限重复出现的扭曲面，曲面间环环相扣，体现出双曲空间的概念。

图2 太阳系（左）与银河系（右）

宇宙由巨大超星系团构成，星系周围是看不见的空荡荡的太空，每个星系又包含了数以十亿计的恒星。构成这些恒星的物质是一些小得看不见的粒子，质子、中子和电子是最普通的粒子，它们通常以原子的形式结合，质子和中子则由更小的粒子夸克所构成。现代理论称，夸克还能被进一步分解为"弦"这种单位，它是一种不停振动的闭合能量环，比夸克还要小很多。

恒星和星云是最基本的天体。太阳系中行星、小行星、彗星和流星体都围绕中心天体太阳运转。太阳系的大小约120亿千米，其中共有八大行星，除水星和金星外都有天然卫星。有证据表明，太阳系外也存在其他行星系统，

2500亿颗类似太阳的恒星和星际物质构成更巨大的天体系统——银河系。银河系中大部分恒星和星际物质集中在一个扁球状的空间内，从侧面看很像一个"铁饼"，正面看则呈旋涡状。

图3 哈勃望远镜观测到的银河瀑布

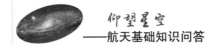

银河系的直径约 10 万光年，太阳系位于银河系的一个旋臂中，距银心约
2.6 万光年。银河系外还有许多类似的天体，称为河外星系，常简称星系，现
已观测到大约有 10 亿个。星系也聚集成大大小小的星系团，平均而言，每个
星系团约有百余个星系，直径达上千万光年。现已发现上万个星系团，包括
银河系在内约 40 个星系构成的一个小星系团叫本星系群。若干星系团集聚在
一起构成更大、更高一层次的天体系统叫超星系团，其直径可达数亿光年，
往往具有扁长的外形。超星系团内通常只含有几个星系团，只有少数超星系
团拥有几十个星系团，本星系群和其附近的约 50 个星系团构成的超星系团叫
做本超星系团。

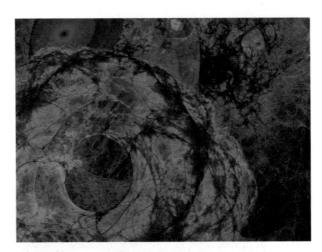

图 4　暗物质概念图

宇宙中除了可见物质外，还有不可见的物质，即暗物质。暗物质是宇宙
物质的主要组成部分，但又不属于构成可见天体的任何一种目前已知的物质。
大量天文学观测发现的疑似违反牛顿万有引力的现象，可以在假设暗物质存
在的前提下得到很好的解释。现代天文学通过天体的运动、引力透镜效应、
宇宙的大尺度结构的形成、微波背景辐射等观测和研究结果表明，暗物质可
能大量存在于宇宙中，其质量远大于宇宙中全部可见天体的质量总和。结合
宇宙中微波背景辐射各向异性观测和标准宇宙学模型，可确定宇宙中暗物质
占全部物质总质量的 85%。

　　新研究发现，一部分暗物质正在消失，而导致它们消失的原因则是暗能量。在宇宙学中，暗能量是一种充溢空间的、增加宇宙膨胀速度的难以察觉的能量形式。暗能量假说是当今对宇宙加速膨胀观测结果的解释中最为流行的一种。在宇宙标准模型中，暗能量约占宇宙质能的 68.3%。

　　此外，科学家设想在宇宙中可能存在完全由反粒子构成的物质，也就是反物质。反物质是正常物质的反状态。当正反物质相遇时，双方就会相互湮灭抵消，发生爆炸并产生巨大能量。科学家已发现正电子与反质子，这一系列科学成果使人们日渐接近反物质世界。然而问题并不那么简单。首先，在地球上很难发现反物质，反物质一旦碰上其他物质就会被兼并掉。其次，制造反物质相当困难而且耗费巨大，制造出以后也难以保存。总之，彻底揭开宇宙反物质之谜，还有漫长的路要走。人们已经能够预料的是，反物质问题的解决不仅对认识宇宙是重要的，它对物理学的影响也将是深远的。

图 5　正反物质相遇发生爆炸

　　在爱因斯坦的广义相对论中，引力被认为是时空弯曲的一种效应。1916年，爱因斯坦基于广义相对论预言了引力波的存在。引力波是指时空弯曲中的涟漪，通过波的形式从辐射源向外传播，这种波以引力辐射的形式传输能量。相比之下，引力波不能够存在于牛顿的经典引力理论中，因为牛顿的经

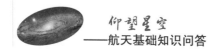

典理论假设物质间的相互作用传播速度是无限的。2016 年 2 月 11 日，LIGO 科学合作组织和 Virgo 合作团队宣布，他们已经利用 LIGO 探测器首次探测到了来自于双黑洞合并的引力波信号。目前主要探测方式是电磁辐射，在宇宙再合并之前，宇宙对于电磁辐射是不透明的。而引力波能够提供一种观测极早期宇宙的方式，这在传统的天文学中是不可能做到的，对于引力波的精确测量，能够让科学家们更为全面地验证广义相对论。

宇宙由四种力及它们之间的相互作用支配，这四种力即引力、电磁力、强核力和弱相互作用力。这些作用力是由一团粒子带来的，这团粒子叫规范玻色子，它们在构成物质的粒子之间相互交换。

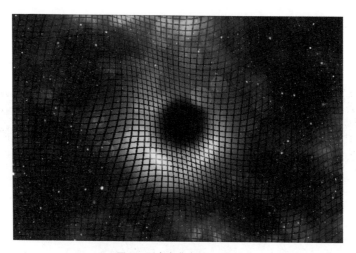

图 6　引力弯曲空间示意图

宇宙中还存在一类特殊的天体——黑洞，它们是中心密度无限大、时空曲率无限大、热量无限大、体积无限小的奇点。依据相对论，当一颗垂死恒星崩溃，它将聚集成一点，成为黑洞并吞噬邻近所有光线和物质。当一颗恒星衰老，它的热核反应燃料已耗尽，中心能量已不多，无力承担起外壳巨大的重量。所以在外壳的重压之下，核心开始坍缩，物质将不可阻挡地向中心点进军，直到最后形成体积接近无限小、密度几乎无限大的星体。当它的半径收缩到一定程度时，质量导致的时空扭曲就使得光也无法向外射出——黑洞就诞生了。

图 7　黑洞想象图

多元宇宙是一个理论上的无限个或有限个可能的宇宙的集合。多元宇宙所包含的各个宇宙被称为平行宇宙，极少数理论物理学家认为存在着不同状态的多元宇宙。多元宇宙不是科学理论，也不是科学假说，它实际上是一个根据当前已知物理定律所作的推论。

参考文献

［1］　https：//en.wikipedia.org/wiki/Universe.

［2］　Smith E V P，Jacobs K C.Introductory astronomy and astrophysics［M］.Saunders College Publising，1987.

［3］　Carroll B W，Ostlie D A，Friedlander M.An Introduction to Modern Astrophysics［J］.Physics Today，1997，50（5）：66–67.

［4］　Fixsen，D J.The Temperature of the Cosmic Microwave Background［J］.The Astrophysical Journal，2007，707（2）：916–20.

［5］　Marov，Mikhail Ya.The Structure of the Universe［J］.The Fundamentals of Modern Astrophysics，2015，279–294.

［6］　Gibney，Elizabeth.Earth's new address：'Solar System，Milky Way，Laniakea'［J］.Nature，2014，15819.

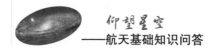

3 星系是由什么构成的?

星系广义上指无数的恒星系（包括恒星的自体）、尘埃（如星云等）组成的运行系统。参考银河系，它是一个包含恒星、气体的星际物质、宇宙尘和暗物质，并且受到重力束缚的大星系。典型的星系，从只有数千万颗恒星的矮星系到上兆颗恒星的椭圆星系，全都环绕着质量中心运转。除了单独的恒星和稀薄的星际物质外，大部分的星系都有数量庞大的多星系统、星团以及各种不同的星云。

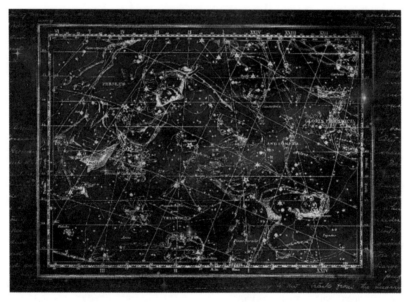

图 1　美丽的仙女座星图

星系的形成，一是上下理论，二是下上理论。上下理论是指，星系在约138.2 亿年前的一次宇宙大爆炸中形成。而下上理论则认为，原本宇宙中有大量的球状星团，这些星团相互碰撞而毁灭，剩下的微尘经组合形成星系。

按照宇宙大爆炸理论，第一代星系大概形成于大爆炸后十亿年。在宇宙诞生的最初瞬间，有一次原始能量的爆发，随着宇宙的膨胀和冷却，引力开始发挥作用，然后幼年宇宙进入一个称为"暴涨"的短暂阶段。原始能量分布中的微小涨落随着宇宙的暴涨也从微观尺度急剧放大，从而形成了一些"沟"，星系团就是沿着这些"沟"形成的。随着暴涨的转瞬即逝，宇宙又恢复到如今日所见的那样通常的膨胀速率。在宇宙诞生后的第一秒钟，随着宇宙的持续膨胀冷却，在能量较为"稠密"区域，大量质子、中子和电子从背景能量中凝聚出来。一百秒后，质子和中子开始结合成氦原子核，在不到两分钟的时间内，构成自然界所有原子的成分就都产生出来了。大约再经过三十万年，宇宙就已冷却到氢原子核和氦原子核足以俘获电子而形成原子了，这些原子在引力作用下缓慢聚集成巨大的纤维状云，星系就在其中形成。大爆炸后十亿年，氢云和氦云在引力作用下集结成团，随着云团的成长，初生的星系即原星系开始形成。那时的宇宙较小，各个原星系之间靠得比较近，因此相互作用很强。

根据哈勃星系分类法，星系的类型 E 表示椭圆星系，S 是螺旋星系，SB 是棒旋星系，S0 是透镜星系。

图 2　螺旋星系

星系结构从内到外是星系核、星系盘、星系晕、星系冕。星系核是星系

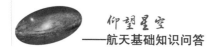

中心质量密集的区域，由大量的恒星、等离子体和高能粒子等组成。星系核有宁静星系核和活动星系核两种。宁静星系核常产生射电辐射，其中有各种光谱型的恒星，可能还存在中子星、白矮星等致密星。活动星系核具有剧烈活动现象，一般认为它的核心是一个黑洞，存在吸引力和喷流，还会发生星系核爆发。规则星系最常见的形态是一个中心核球加一个星系盘，星系盘具有盘状、棒状或旋涡状等结构，旋涡形式大部分是双旋臂的。星系晕是天文学名词，指包围旋涡星系（包括太阳系所在的银河系）的一个近似球状的系统，其中稀疏地散布着恒星、球状星团和稀薄气体。星系冕是环绕在星系可见部分以外的一个广延的大质量包层，是苏联塔尔图天文台（现在的爱沙尼亚科学院天文台）于1974年年初，在分析105个星系-伴星系系统的速度弥散度时发现的，随后又由美国天文学家证实。

星系团是由星系组成的自引力束缚体系。包含了少量星系的星系团也叫做星系群，银河系所在的星系群叫本星系群，成员星系大约为40个。距离本星系群较近的一个星系团是室女座星系团，包含超过2500个星系。

图3　哈勃太空望远镜观测到的恒星形成的旋涡

星系团通常由一个巨大的椭圆星系统治着，它的潮汐力会摧毁邻近的卫星星系，并将其质量加入星系中。超星系团是巨大的集合体，拥有数百个至上万个星系，星系之间会排列成薄片状和细丝状，环绕着巨大的空洞。星系在宇宙中呈网状分布，包围着一个个像气泡一样的空白区域，在整体上形成类似蜘蛛网或神经网络的结构，称之为宇宙大尺度分布。

在没有灯光干扰的晴朗夜晚，如果天空足够黑，可看到天空中有一条弥漫的光带——银盘。银河系的中心位于人马座附近，其内有约两千多亿颗恒星，距离太远无法用肉眼辨认，由于星光与星际尘埃气体混合在一起，看起来就像一条烟雾笼罩着的光带。银河系是一个中型恒星系，银盘直径约为10万光年，内部含有大量的星际尘埃和气体云，聚集成了颜色偏红的恒星形成区域，从而不断地给星系的旋臂补充炽热的年轻蓝星，组成了约有一千两百多个的疏散星团或称银河星团。银盘四周包围着很大的银晕，银晕中散布着恒星和主要由老年恒星组成的球状星团。

银河系有两个较矮小的邻居——大麦哲伦星系和小麦哲伦星系，它们都属于不规则星系。由于引力的作用，银河系在不断地从这两个小星系中吸取尘埃和气体，使这两个邻居中的物质越来越少。预计在一百亿年内，银河系将会吞没这两个星系中的所有物质，这两个近邻将不复存在。河外星系与银河系一样，也是由大量的恒星、星团、星云和星际物质组成。1924年，美国天文学家哈勃用当时世界上最大的2.4米口径的望远镜，在仙女座大星云的边缘找到了被称为"量天尺"的造父变星，利用造父变星的光变周期和光度的对应关系算出仙女座星云的准确距离，证明它确实是在银河系之外，却也像银河系一样，是一个巨大、独立的恒星团。从河外星系的发现，可以反观我们的银河系，它仅仅是一个普通的星系，是千亿星系家族中的一员，是无垠宇宙中非常小的一部分。

宇宙中，已知最大的星系是距离地球大约10.7亿光年的阿贝尔2029星系群的中心星系——IC1101，其直径约560万光年，此星系相当于银河系直径的50多倍。美国加利福尼亚理工学院的几名天体物理学家还发现了距离地球最远的一个小星系，距离地球约为130亿光年。

图 4 大麦哲伦云中最明亮的超新星遗迹 N49 合成图

参考文献

［1］ https：//en.wikipedia.org/wiki/Galaxy.

［2］ Uson J M，Boughn S P，Kuhn J R.The Central Galaxy in Abell 2029：An Old Supergiant ［J］．Science，1990，250（4980）：539–540.

［3］ Sparke L S，Gallagher J S I.Galaxies in the Universe： An Introduction ［J］.2007.

［4］ Ehle M.Our Strange Neighbors： Satellite Galaxies of the Milky Way ［J］.XMM-Newton Proposal，2009.

［5］ Uson，J.M.Boughn，S.P.，Kuhn，J.R.The central galaxy in Abell 2029：An old supergiant ［J］．Science，1990，250（4980）：539–540.

［6］ Phillipps，S.Drinkwater，M.J.Gregg，M.D.Jones，J.B.Ultracompact Dwarf Galaxies in the Fornax Cluster ［J］.The Astrophysical Journal，2001，560（1）：201–206.

［7］ Gott III，J.R.，et al.A Map of the Universe ［J］.The Astrophysical Journal，2005，624（2）：463–484.

4 银河系是由什么构成的?

银河系是由包括太阳在内的众多恒星及星云等组成的天体系统,是"本星系群"中第二大星系。银河系属于棒旋星系,直径约10万光年,平均厚度约1000光年,包含大量恒星,以及星云、星际气体和星际尘埃。依据欧洲南天天文台的研究报告,估计银河系的年龄大约是136亿岁,差不多与宇宙年龄相同。伽利略在1610年使用望远镜首先解析出银河是由恒星聚集而成的,1920年天文学家沙普利和柯蒂斯就星系组成展开了大辩论,后经哈勃的观测,证实银河系只是众多星系中的一个。

银河系在天空上的投影像一条流淌在天上闪闪发光的河流一样,所以古称银河系为银河或天河。对于北半球而言,银河是夏季星空的重要标志,是从东北向南方延伸的明亮光带,在银河带中有三颗亮星,即银河两岸的织女星、牛郎星和天津四构成的"夏季大三角"。银河在天空中明暗不一,宽窄不等,最窄只有4°~5°,最宽约30°。夏季的银河横贯天空,气势磅礴,极为壮丽,而冬季的银河则很黯淡,但在天空中可以看到明亮的猎户座和"冬季大三角"。

图1 银河

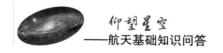

　　银河系呈扁球体，具有巨大的盘面结构，由银心、银核、银盘、银晕和银冕等部分组成，此外还有两个伴星系，分别叫做大麦哲伦星系和小麦哲伦星系。银河系具有两条主旋臂和两条未成形的旋臂，太阳系位于银河系猎户臂上，距银河系中心约 2.6 万光年。

　　银河系的中心是一个极端之地，恒星密度极高，磁场极强，运动速度极快，气体储量相当集中，发射极强的射电辐射、红外辐射、X 射线和 γ 射线辐射。1971 年，两位理论天体物理学家贝尔和瑞斯首次提出在银河系中心存在黑洞，并提出射电干涉观测方法。星系吸积盘中心的气体物质，在围绕黑洞旋转并不断靠近黑洞时，温度将变得极高，发出能穿过星际气体介质的 X 射线辐射，所以可以通过 X 射线天文观测研究黑洞和其他致密天体。近年来天体物理研究结果倾向于所有星系中心区都存在超大质量黑洞，当前天文学界认为在银河系中心同样存在超级黑洞，其质量为太阳的 200 万~400 万倍，命名为人马座 A*。

　　银核是中央凸起部分，为高亮度球状体，内部活动十分剧烈，直径约 2 万光年，平均厚度 1 万光年，由高密度的恒星和星际物质组成，其中恒星大多为红巨星。

　　银盘位于银核外，是银河系的主体，银河系的绝大部分恒星和星际物质集中分布在这一扁平的圆盘区域内。银盘中心厚，边缘薄，直径约 8 万光年，形如透镜，以轴对称的形式分布于银心周围。2005 年，银河系的旋臂结构被观测证实，银盘主要由四条旋臂环绕组成，分别叫做人马臂、猎户臂、英仙臂和 3000 秒差距臂，每条旋臂中包含数百亿颗年轻的恒星，太阳系位于猎户臂上。

　　银晕是弥漫在银盘周围的球状区域，范围比银盘大几十倍。银晕主要由晕星族组成，绕银心旋转，其轨道呈椭圆形。银晕中还包含少量的电离氢，来自于银盘中的超新星爆发和恒星物质抛射。银晕中很可能含有大量暗物质。由于银盘面上的气体和尘埃会吸收部分波长的电磁波，所以银晕的组成结构尚不明确。在银晕外还存在一个巨大的球状辐射区，称为银冕。银冕离银心十分遥远。

图 2   星系中的恒星

　　银河系 90% 的物质为恒星，恒星包括单星、双星、变星等，其余为气体和尘埃。恒星常聚集成团，银河系中已发现数千个星团，且由于银河系中最古老的恒星几乎和宇宙年龄一致，所以推断银河系形成于大爆炸之后不久的黑暗时期。星际气体和尘埃分布不均匀，或聚集为星云，或散布在星际空间。银河系的可见质量大约是 $10^{11} \sim 10^{12}$ 个太阳质量，事实上我们无法准确测量银河系的质量，不同的方法也会得出非常不同的结论。银河系内的物质分布不均匀，核心物质致密，旋臂处恒星、星际物质和尘埃也非常密集，银晕中可见物质很稀薄，但是可能蕴含着绝大部分的暗物质。

　　今天看到的银河系是经过百亿年漫长演变而形成的，开始只是一团松散的气体物质，慢慢才形成恒星和螺旋形圆盘。泛星计划用 1.8 米口径的望远镜花费了四年时间拍摄的银河系地图上，银河如同光带一样横贯天空。因为数据采集时间长达数年，科学家们发现了一些变化的恒星，比如超新星和变星，此外通过银河系地图还能寻找系外行星、卫星以及小行星。

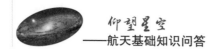
参考文献

［1］ 银河系.中文在线百科.

［2］ 银河系的新地图［Z］.牧夫天文论坛.

［3］ 计算机模拟银河系演变：由松散物质慢慢形成巨大螺旋形圆盘［R］.科学探索.

［4］ 赵君亮.银河系的结构和演化［J］.自然杂志，2005，27（1）：25–28.

［5］ Gerhard O.Mass distribution in our Galaxy［J］.Space Science Reviews，2002，100（1/4）：129–138.

［6］ Kafle，P.R.，Sharma，S.，Lewis，G.F.，Bland-Hawthorn，J.On the Shoulders of Giants：Properties of the Stellar Halo and the Milky Way Mass Distribution［J］.The Astrophysical Journal，2014，794（1）：17.

［7］ Gupta，A.，Mathur，S.，Krongold，Y.，Nicastro，F.，Galeazzi，M.A Huge Reservoir of Ionized Gas Around the Milky Way：Accounting for the Missing Mass?［J］.The Astrophysical Journal，2012，756（1）：8.

 相关链接

慧眼卫星

慧眼卫星由国家国防科技工业局和中国科学院联合资助建造，于 2017 年 6 月 15 日从酒泉卫星发射中心成功发射升空，开始为期 5 个月的试运行。中科院高能物理研究所主要参与研制的"慧眼"在引力波事件发生时成功监测到引力波源所在的天区，对其伽马射线电磁对应体（简称引力波闪）在高能区的辐射性质给出了严格的限制。

慧眼卫星是中国第一个空间天文卫星，是既可以实现宽波段、大视场 X 射线巡天，又能够研究黑洞，中子星等高能天体的短时标光变和宽波段能谱的空间 X 射线天文望远镜，同时也是具有高灵敏度的伽马射线暴全天监视仪。"慧眼"的命名涵义之一是为了纪念推动中国高能天体物理发展的已故科学家何泽慧。

5 星云是由什么构成的?

星云是尘埃、氢气、氦气和其他电离气体聚集的星际云,包含了除行星和彗星外的几乎所有延展型天体。它们的主要成分是氢,其次是氦,还含有一定比例的金属元素和非金属元素。1990年哈勃太空望远镜升空以来的研究还发现,星云中含有有机分子等物质。

图1 哈勃太空望远镜拍摄的星云中爆发宇宙风暴

星云通常也是恒星形成的区域,例如鹰星云。在这个区域形成的气体、尘埃等挤在一起,聚集了巨大的质量,进而吸引更多的质量,最后大到足以形成恒星。据了解,剩余的物质还可以形成行星和行星系等其他天体。

以地球标准去衡量星云,其内部的物质密度很低,可以认为星云中有些地方是真空的。但是星云的体积十分庞大,常常方圆达几十光年,所以星云一般要比太阳大得多。星云和恒星有着"血缘"关系,恒星抛出的气

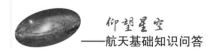

体将成为星云的一部分，星云物质在引力作用下压缩成为恒星，在一定条件下，星云和恒星能够互相转化。星云的形状也是多姿多态的，通常根据它们的位置或形状命名，例如：猎户座大星云、天琴座大星云、蟹状星云、哑铃星云等。

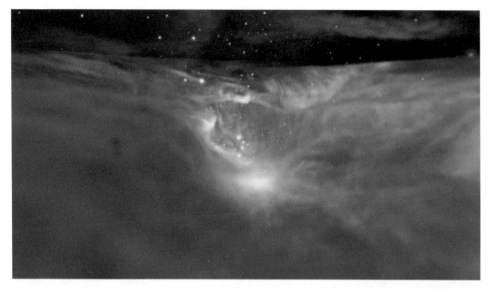

图2　猎户座大星云

星云以形态可划分为：弥漫星云、行星状星云、超新星遗迹、双极星云等。

弥漫星云正如它的名称一样，无明显边界，常常呈现不规则形状，犹如天空中的云彩，一般都得使用望远镜才能观测到，很多只有用天体照相机长时间曝光才能显示出它们的美貌。弥漫星云是星际介质集中在一颗或几颗亮星（形成不久的年轻恒星）周围而造成的亮星云，它们的直径约几十光年，主要分布在银道面附近，比较著名的弥漫星云有猎户座大星云、马头星云等。

行星状星云呈圆形、扁圆形或环形，有些因与大行星相像而得名，但和行星没有任何联系。有些行星状星云的形状十分独特，如位于狐狸座的M27哑铃星云及英仙座的M76小哑铃星云等。往往有一颗很亮的恒星在行星状星云的中央，称为行星状星云的中央星，是正在演化成白矮星的恒星，中央星不断向外抛射物质从而形成星云。可见，行星状星云是恒星晚年演化的结果，它们是和太阳差不多质量的恒星演化到晚期，核反应停止后，走向死亡时的产物。比较著名的有宝瓶座耳轮状星云和天琴座环状星云，这类星云与弥漫星云在性质上完全不同，这类星云的体积处于不断膨胀之中，最后趋于消散。行星状星云的"生命"是十分短暂的，通常这些气壳会在数万年之中逐渐消失。

图3　NGC 7293 螺旋星云

　　超新星遗迹是一类与弥漫星云性质完全不同的星云，它们是超新星爆发后抛出的气体形成的。大质量恒星抵达生命的终点时会成为超新星，当核心停止融合时，恒星会塌缩，导致恒星爆炸性地向外扩散，膨胀的气壳成为超新星遗骸，属于一种特殊的弥散星云。与行星状星云一样，这类星云的体积也在膨胀，最后趋于消散，最有名的超新星遗迹是金星座中的蟹状星云。

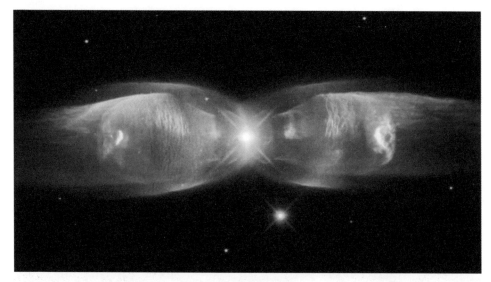

图4　蝴蝶状星云

双极星云的特征是有独特的波瓣形成轴对称的星云，许多行星状星云在观测上展现出双极的结构，这是有直接关联的两种类型星云（在星云的发展中，一种或将取代另一种）。双极星云的可能成因是一种称为双极逸流的物理过程，即恒星将高能量的粒子抛出成为流束由两极向外流出。

星际物质与天体的演化有着密切的联系。观测证实，星际气体主要由氢和氦两种元素构成，这跟恒星的主要成分是一样的，它们是一些很小的固态物质，成分包括含碳化合物、氧化物等。星际物质在宇宙空间的分布并不均匀，在引力作用下，某些地方的气体和尘埃可能相互吸引而密集起来，形成云雾状，人们形象地把它们叫做"星云"。

同恒星相比，星云具有质量大、体积大、密度小的特点。一个普通星云的质量至少相当于上千个太阳，半径大约为10光年。2009年2月26日，欧洲天文学家从浩瀚太空拍摄到看似目不转睛的"宇宙眼"的壮观照片，从照片上可以看到蔚蓝色的瞳孔，称之为"上帝之眼"。"上帝之眼"浩瀚无边，它的范围大约是2.5光年，这个星云是由位于宝瓶座中央的一颗昏暗恒星吹拂而来的气体和尘埃形成的，太阳系在未来50亿年内也将遭受同样的命运。

图 5　斯皮策太空望远镜拍摄的较明亮的尘埃

参考文献

[1]　邵华木.基础天文学教程［M］.合肥：安徽人民出版社，2008.

[2]　贾尔斯·斯帕罗，等.太空探索图鉴［M］.北京：人民邮电出版社.

[3]　哈勃望远镜对星云的观测.中国星空网.

[4]　王鸣阳.瑰丽星云的背后［J］.科学世界，2006（1）.

[5]　R.Sahai, C.Sánchez Contreras, M.Morris.A Starfish Preplanetary Nebula：IRAS 19024+0044［J］.Astrophysical Journal，2005，620（2）：948–960.

[6]　Volk, Kevin M., Kwok, Sun.Evolution of protoplanetary nebulae［J］.Astrophysical Journal，1989，342：345–363.

[7]　Hubble E P. The source of luminosity in galactic nebulae［J］.Astrophysical Journal，1992，56：400–438.

相关链接

宇宙大尺度结构

　　宇宙大尺度结构的形成和演化是国际社会公认的天体物理学前沿热点问题。在过去30年中，由标准的宇宙学常数加冷暗物质模

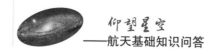

型框架下构建的星系形成演化理论取得了极大的成功，它很好地解释了诸如星系光度函数演化等问题。在这个模型下，大尺度结构呈等级式成团演化，在成团的每一个阶段，暗物质会首先塌缩形成晕结构，被暗物质晕引力势场所约束的气体会随后收缩、冷却，形成星系、恒星等结构。

6 恒星是由什么构成的？

恒星是由引力凝聚在一起的球形发光等离子体，太阳是最接近地球的恒星。在地球的夜晚可以看见的其他恒星，几乎全都在银河系内，但由于距离遥远，这些恒星看似只是固定的发光点。显著的恒星组成了星座和星群，较明亮的恒星都有专有的名称。

除了太阳之外，最靠近地球的恒星是半人马座的比邻星，距离是 4.2 光年，光线从半人马座的比邻星发射需要经过 4.2 年才能抵达地球。绕行地球的航天飞机速度约为 8 千米 / 秒，需要约 157500 年才能抵达比邻星。在星系的中心和球状星团内，恒星的距离会更近，而在星系晕中的距离则会更遥远。

图 1 半人马座

恒星会在核心进行氢融合成氦的核聚变反应，在恒星内部经过漫长的能量转化后，能量从恒星表面辐射到外太空。一旦核心的氢消耗殆尽，恒星的生命就将结束。有一些恒星在生命结束之前，会经历恒星核合成的过程，而

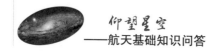

有些恒星在爆炸前会经历超新星核合成，会创造出几乎所有比氦重的天然元素。在生命的尽头，恒星也会包含简并物质，依靠简并压来维持自身的流体力学平衡。天文学家通过观测恒星亮度和光谱，确定一颗恒星的年龄、化学元素的丰度和许多其他属性。一颗恒星的总质量是恒星演化和决定最终命运的主要因素。恒星的直径、温度和其他特征，在恒星生命周期的不同阶段都会变化，恒星周围的环境会影响它的自转和运动。赫罗图是恒星的温度（光谱类型）与光度之间的关系图，通过赫罗图，可以测量一颗恒星的年龄和演化状态。

通过实际观测和光谱分析，恒星大气基本结构为，一部分恒星最外层有一个类似日冕状的高温低密度星冕，常常与恒星风有关。有的恒星已在星冕内发现能产生某些发射线的色球层，其内层大气吸收更内层高温气体的连续辐射而形成吸收线，人们把这层大气叫做反变层，而把发射连续谱的高温层叫做光球层，光球层与反变层不能截然分开。类太阳型恒星的光球内，有一个平均约十分之一半径或更厚的对流层。能量传输在光球层内以辐射为主，在对流层内以对流为主。

对于光球层和对流层，从流体静力学和热力学平衡的基本假设出发，利用实际测得的物理特性和化学组成的模型进行较详细的研究，建立起若干关系式，求解星体不同区域的压力、温度、密度、不透明度、产能率和化学组成等。恒星中心的温度可高达数百万乃至数亿摄氏度，一般认为恒星是由星云凝缩而成，主星序以前的恒星因温度不够高，不能发生热核反应，只能靠引力收缩来产能。进入主星序之后，中心温度高达700万摄氏度以上，开始发生氢聚变成氦的热核反应，那些内部温度上升到近亿度的恒星，开始发生氦碳循环。这个过程很长，是恒星生命中最长的阶段。氢燃烧完毕，恒星内部收缩，外部膨胀，演变成表面温度低而体积庞大的红巨星，并有可能发生脉动。在这些演化过程中，恒星的温度和光度按一定规律变化，从而在赫罗图上形成一定的径迹。最后，一部分恒星发生超新星爆炸，气壳飞走，核心压缩成中子星一类的致密星而趋于"死亡"。

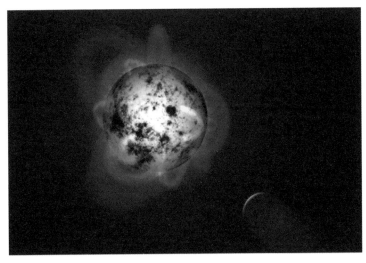

图 2　红矮星示意图

多数恒星的年龄在 10 亿至 100 亿岁之间，有些恒星甚至接近观测到的宇宙年龄，目前发现最早的恒星估计年龄是 134 亿岁。质量越大的恒星，寿命通常越短暂，主要是因为质量越大的恒星核心的压力也越高，造成燃烧氢的速度也越快，许多超大质量的恒星平均只有 100 万年的寿命。而质量较小的恒星（如红矮星）则以很慢的速率燃烧，寿命可以持续几十亿到上万亿年。

图 3　白矮星

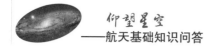

恒星亮度用星等来表示，恒星越亮，星等越小。在地球上测出的星等叫视星等，离地球32.6光年处的星等叫绝对星等，使用对不同波段敏感的检测元件所测得的同一恒星的星等，一般是不相等的。目前最通用的星等系统之一是U（紫外）、B（蓝）、V（黄）三色系统，B和V分别接近照相星等和目视星等，二者之差就是常用的色指数。对于太阳，V=-26.74等，绝对目视星等M=+4.83等，色指数B-V=0.63，U-B=0.12，由色指数可以确定色温度。

除单独恒星外，联星系统为两颗或更多的恒星受到引力的约束而在轨道上互相环绕，因为轨道要稳定，联星系统会形成共轨联星。最普通的联星系统就是双星，三颗或更多恒星的系统也不在少数，其中同样存在着更大的、被称为星团的集团。

恒星在宇宙中分布不均匀，且通常星际气体、尘埃一起存在于星系。典型的星系拥有数千亿颗恒星。过去人们相信恒星只存在于星系之中，但在之后的观测中，在星系际的空间也发现了恒星。

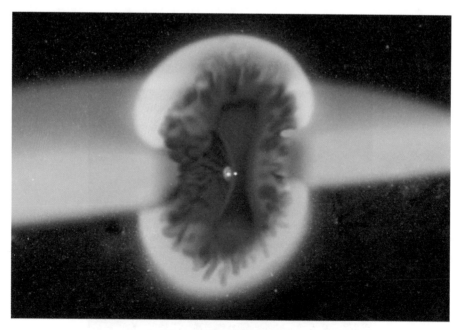

图4　双星系统的不规则爆发

恒星距离非常遥远，恒星相互碰撞非常罕见，但是在球状星团或星系的中心，恒星碰撞的概率明显提高，这样的碰撞会形成蓝掉队星，这些异常的恒星比在同一星团中光度相同的主序带恒星有着更高的表面温度。天文学上一般用光年来度量恒星间距离，恒星间的距离可以通过周年视差法、星团视差法、力学视差法、造父变星法等进行测量确定。

参考文献

［1］ Kippenhahn，Rudolf，Weigett. Stellar structure and evolution ［J］.
［2］ 潘鼐. 中国恒星观测史［M］. 上海：学林出版社，2009.
［3］ 容建湘. 恒星天文学［M］. 北京：高等教育出版社，1986.
［4］ 黄润乾. 恒星的结构与演化［M］. 北京：科学出版社，1986.
［5］ 连建辉. 星系恒星形成历史及特性演化研究［D］. 合肥：中国科学技术大学，2016.

相关链接

脉冲星

2016年11月10日7时42分，我国在酒泉卫星发射中心用长征十一号运载火箭，成功发射了脉冲星试验卫星，同时还搭载了四颗微小卫星，"一箭五星"也刷新了我国固体运载火箭一箭多星的发射纪录。

脉冲星，就是高速自转、发出脉冲信号的中子星，目前人类已经发现的脉冲星大约有2500多颗。但是X射线会在空气中快速衰减，很难在地面上进行收集，因此只能在太空中直接探测。这次发射的脉冲星试验卫星，是世界范围内第一颗单独用于脉冲星探测的科学试验卫星。由于脉冲星稳定、易于观察的特点，宇航学家建立了以脉冲星为基础的导航技术，这也为人类航天器发展提出了新的方向，我国发射的脉冲星试验卫星，就将向这项世界性难题发起冲击。现今在宇宙中飞行的航天器，大多数都是依赖地面测控完成引导的，

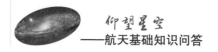

而脉冲星导航的优点，在于航天器可以利用这些显眼的宇宙灯塔，确定自己的位置，进而实现自主导航。

7 太阳系是由什么构成的?

银河系有四条巨型旋臂结构,太阳系就位于猎户座旋臂上,距银河系中心大约 2.6 万光年。太阳系形成于 45 亿 6800 万年前的大型分子云的引力坍塌区域,初始元气有数光年之大,且诞生了好几颗恒星。由于是典型分子云,其成分主要是氢与氦,还有前几代恒星融合的少量重元素。太阳系形成前,称为前太阳星云,坍缩时因为角动量守恒,转动得越来越快,其中心集中了大部分质量,收缩的星云越转越快,逐渐变得扁平,成为原行星盘,直径大约 200AU,中心是高温、高密度的原恒星。在尘埃和气体的引力相互吸引下,逐渐凝聚形成越来越大的天体,在太阳系的早期可能有数以百计的原行星,但因合并或摧毁,留下行星、矮行星和残余物构成的小天体。

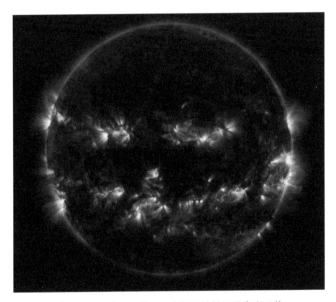

图1 2014 年 10 月 8 日太阳场使其呈现出南瓜状

太阳将基本保持现在的状态,但 50 亿年后,太阳中心的氢将完全转化为氦,标志着太阳主序星阶段结束。这时,太阳核心开始崩塌,输出的能量比

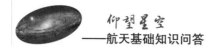

现在更大。太阳最外层的直径将扩张到目前的 260 倍左右，太阳将成为一颗红巨星。由于表面积的急剧扩张，太阳表面的温度将比主序星阶段低很多（最低大约为 2600 开）。不断扩大的太阳将会蒸发掉水星，并且使得地球的环境不再适合居住。最终，太阳核心的温度高得足以使氦发生聚变。太阳在燃烧氢时会有小部分时间燃烧氦，太阳的质量还不足以使比氢、氦更重的元素发生聚变反应，太阳核心的反应将会变弱。太阳外层物质会散逸到太空，剩下的部分形成了白矮星，它的密度特别大，质量约为太阳的一半，但体积和地球差不多。散逸出去的外层物质形成了所谓的行星状星云，将一些组成太阳的物质返还给星际空间。

太阳系是以太阳为中心并受其引力作用以维持运转的天体系统，包括：8 颗行星、至少 165 颗已知的卫星、5 颗已经辨认出来的矮行星和数以亿计的太阳系小天体。这些小天体包括小行星、柯伊伯带的天体、彗星和星际尘埃。依照至太阳的距离，太阳系内的行星顺序是水星、金星、地球、火星、木星、土星、天王星和海王星。太阳系内已探测到的区域总体上分为：太阳、小行星带以内的 4 颗较小的行星和柯伊伯带环绕的 4 颗巨行星。天文学家有时会非正式地将这些结构分成不同的区域，内太阳系包括 4 颗类地行星和小行星带，外太阳系指小行星带以外的区域，包括 4 颗巨行星。

图 2 2011 年 7 月 5 日一颗掠日彗星飞向太阳

太阳是位于太阳系中心的恒星，它几乎是热等离子体与磁场交织着的一个理想球体。太阳直径大约是 1.392×10^6 千米，相当于地球直径的 109 倍，体积大约是地球的 130 万倍，其质量大约是 2×10^{30} 千克（相当于地球的 33 万倍）。从化学组成来看，现在太阳质量的大约四分之三是氢，剩余的几乎都是氦，另外的氧、碳、氖、铁和其他的重元素质量少于 2%，太阳通过核聚变的方式向太空释放光和热。

根据太阳活动的强弱，太阳可分为宁静太阳和活动太阳两大类。宁静太阳是一个理论上假定宁静的球对称热气体球，其性质只随半径而变，而且在任一球层中都是均匀的，其目的在于研究太阳的总体结构和一般性质。在这种假定下，按照由里往外的顺序，太阳由核心、辐射区、对流层、光球层、色球层、日冕层构成，光球层之下称为太阳内部，光球层之上称为太阳大气。

太阳是一颗黄矮星（光谱为 G2V），黄矮星的寿命大致为 100 亿年，目前太阳大约 46 亿岁。在大约 50 亿年之后，太阳内部的氢元素几乎会全部消耗尽，太阳的核心将发生坍缩，导致温度上升，这一过程将一直持续到太阳开始把氦元素聚变成碳元素。虽然氦聚变产生的能量比氢聚变产生的能量少，但温度却更高，太阳的外层将膨胀，并且把一部分外层大气释放到太空中。

日冕是太阳大气的最外层，由高温、低密度的等离子体构成，亮度微弱，白光亮度比太阳圆面亮度的百分之一还低，约相当于满月的亮度，因此只有在日全食时才能展现其光彩，平时观测则要使用专门的日冕仪。日冕的温度高达百万摄氏度，其大小和形状与太阳活动有关，在太阳活动极大年时，日冕接近圆形，在太阳宁静年时则呈椭圆形。

在光球上常常可以看到很多黑色斑

图 3　太阳日冕

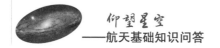
点，它们叫做太阳黑子。太阳黑子在日面上的大小、多少、位置和形态等，每天都不同。太阳黑子是光球层物质剧烈运动而形成的局部强磁场区域，也是光球层活动的重要标志。长期观测太阳黑子就会发现，有的年份黑子多，有的年份黑子少，有时甚至几天、几十天日面上都没有黑子。天文学家们注意到，太阳黑子从最多或最少的年份到下一次最多或最少的年份，相隔大约11年。也就是说，太阳黑子有平均11年的活动周期，这也是整个太阳的活动周期。天文学家把太阳黑子最多的年份称之为"太阳活动峰年"，把太阳黑子最少的年份称之为"太阳活动谷年"。

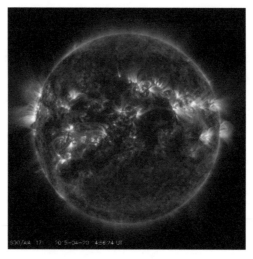

图4　明亮区域即为太阳活跃区域

太阳风是一种以200~800千米/秒的速度运动的连续等离子体流。与地球上的空气不同，它们不是由气体分子组成，而是由更简单的比原子还小一个层次的基本粒子——质子和电子等组成，它们流动时所产生的效应与空气流动相似，所以称为太阳风。太阳风有两种：一种持续不断地辐射出来，速度较小，粒子含量也较少，被称为持续太阳风；另一种是在太阳活动时辐射出来，速度较大，粒子含量也较多，这种太阳风被称为扰动太阳风。扰动太阳风对地球的影响很大，当它抵达地球时，往往会引起强烈的磁暴，影响人类的正常生活。

参考文献

［1］ MUMMA M J，et al.Remote infrared observations of parent volatiles in comets：A window on the early solar system［J］.Advances in Space Research，2003.

［2］ The Solar System.Nine Planets.2007.

［3］ Russell C T. DAWN：A journey to the beginning of the solar system［J］.meteoritics & planetary science, 2002.

［4］ Wm.Robert Johnston.Asteroids with Satellites.Johnston's Archive，2018.

［5］ Woolfson M. The origin and evolution of the solar system［J］.John Wiley & Sons，Ltd(10.1111)，2000.

［6］ Levison H F，Morbidelli A.The formation of the Kuiper belt by the outward transport of bodies during Neptune's migration［J］.Nature，2003.

［7］ M Królikowska.A study of the original orbits of "hyperbolic" comets［J］.Astronomy and Astrophysics，2001，376（1）：316-324.

相关链接

帕克太阳探测器

帕克太阳探测器于 2018 年 8 月 12 日在美国卡纳维拉尔角空军基地发射，是史上最快的人造飞行器，速度可达 700000 千米 / 小时。该探测器的主要任务是近距离观测太阳，预计探测器离太阳最近时距离仅约 612 万千米（约为水星轨道半径的十分之一）。帕克太阳探测器的任务原型最早在 20 世纪 90 年代提出，但直到 2009 年 NASA 官方才正式公布通过预算，2017 年 5 月底，该探测器被正式命名为"帕克太阳探测器"，以表彰早期对太阳观测有极大贡献的天体物理学家尤金·帕克（尤金·帕克于 1958 年首次提出太阳风的概念），这也是 NASA 首次以在世人物的名字给探测器进行命名。

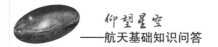
8 最接近太阳的行星——水星

水星是太阳系八大行星中最小的、也是离太阳最近的行星,中国称为辰星,有着八大行星中最大的轨道偏心率。它每 87.968 个地球日绕行太阳一周,每公转 2.01 周的同时自转 3 圈,它是一颗类地行星。

图 1 取自"信使号"的水星合成影像

水星由大约 70% 的金属和 30% 的硅酸盐材料组成,密度是 5.427 克 / 立方厘米,在太阳系中是第二大的,仅次于地球的 5.515 克 / 立方厘米。如果不考虑重力压缩对物质密度的影响,水星物质的密度将是最大的。未经重力压缩的水星物质密度是 5.3 克 / 立方厘米,相较之下地球物质密度只有 4.4 克 / 立方厘米。

地质学家估计水星核心的体积约占水星体积的 42%,而地球核心的体积只占地球体积的 17%。水星富铁核心占据了其总质量的 60% 以上,最近的研究认为水星有一个熔融核心,包围着核心的是 500~700 千米厚的硅酸盐地幔。太阳系类地行星中,只有水星和地球拥有全球性的磁场,天文学家认为磁场是由它们核心外层中的电流所产生的。根据水手 10 号任务和从地球观察的资料，水星的地壳厚度约为 100~300 千米，水星表面的特征是有无数窄脊，可延伸数百千米。

水星表面呈现出像海的广大平原，存在大量的撞击坑，显示数十亿年来都处于非地质活动状态，水星还拥有山脊（有时也称为皱脊）。

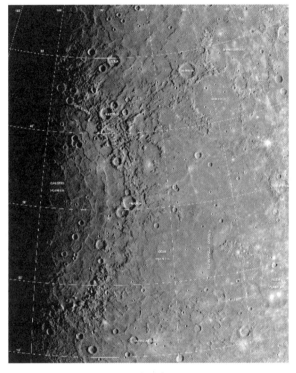

图 2　水星表面图

1991 年，阿雷西博射电望远镜向水星发射雷达波，在其反射信号中得到水星北极有冰的证据。

当水星运行至太阳和地球之间时，我们在太阳圆面上会看到一个小黑点穿过，这种现象称为水星凌日。其道理和日食类似，不同的是水星比月球离地球远，视直径仅为太阳的一百九十万分之一。水星挡住太阳的面积太小了，不足以使太阳亮度减弱，因此用肉眼是看不到水星凌日的，只能通过望远镜进行投影观测。水星凌日每 100 年平均发生 13 次，20 世纪末的一次凌日发生在 1999 年 11 月 16 日 5 时 42 分。

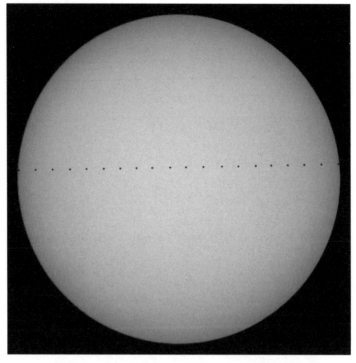

图3　水星凌日（SDO卫星拍摄的影像叠加而成，图中黑点即为水星）

水星凌日的原理与日食相似，水星轨道与黄道面之间存在倾角，这个倾角约7度，这就造成水星轨道与地球黄道面有两个交点，即为升交点和降交点。水星过升交点即为从地球黄道面下方向黄道面上方运动，降交点反之。只有水星和地球两者的轨道处于同一个平面上，日水地三者恰好排成一条直线时，才会发生水星凌日。

水星最早是闪族人在公元前3000年发现的，他们叫它Ubu-idim-gud-ud。最早详细记录观察数据的是巴比伦人，他们叫它gu-ad或gu-utu。希腊人给它起了两个名字，当它出现在早晨时叫阿波罗，出现在傍晚时叫赫耳墨斯，这两个名字表示的是同一星体。希腊哲学家赫拉克利特甚至已经认为水星和金星是绕太阳公转的而不是地球。

信使号探测器于2004年8月发射，2011年3月18日进入围绕水星运行的轨道，是首颗环绕水星运行的探测器。

图 4　信使号探测器示意图

参考文献

［1］ Anderson J D. Shape and Orientation of Mercury from Radar Ranging Data［J］.Icarus，1996.

［2］ Munsell Kirk，Smith Harman，Harvey Samantha.Mercury： Facts and Figures.Solar System Exploration，NASA，2009-05-28.

［3］ Jakosky，Bruce M.Atmospheres of the Terrestrial Planets.

［4］ Spohn Tilman，Sohl Frank，Wieczerkowski Karin，Conzelmann Vera.The interior structure of Mercury：what we know，what we expect from BepiColombo［J］.Planetary and Space Science，2001，49（14-15）：1561-1570.

［5］ 水星凌日的科学原理 . 天气网，2016-05-10.

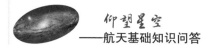

9 距离地球最近的行星——金星

金星是太阳系八大行星之一，按离太阳由近及远的次序是第二颗。金星距离太阳约 0.725 个天文单位，公转周期为 224.71 个地球日，它是离地球最近的行星（有时候火星会更近）。古罗马人称它维纳斯，中国古代称之为长庚、启明、太白或太白金星，古希腊神话中称之为阿佛洛狄特。

金星在夜空亮度仅次于月球，金星在日出稍前或者日落稍后达到亮度最大。清晨出现在东方天空，被称为"启明"，傍晚处于天空的西侧，称为"长庚"。

图1 "麦哲伦号"拍摄的金星全球雷达影像（没有云层）

金星和地球有着相似的内部构造：核、幔和壳。像地球一样，金星的核心有一部分是液体，体积略小的金星在内部深处的压力比地球的略小。地球和金星的主要区别在于金星缺乏板块存在的证据，原因可能是金星的外壳太坚硬，缺乏水而没有黏度。这样的结果使行星的热难以散逸，阻止了它的冷却，同时提供了金星内部缺乏生成磁场机制的可能解释。

金星的大部分表面可能都是由于火山活动形成的，它拥有167座直径超过100千米的大型火山。地球上，只有夏威夷的火山大小可以和金星相比，这不是因为金星的火山比地球活跃，而是因为它的地壳比地球古老。

金星火山仍在活动中。苏联金星11号和金星12号探测器侦测到络绎不绝的闪电，金星12号探测器降落之后不久，就记录到强烈的雷声，欧洲空间局的金星快车记录到高层大气中丰富的闪电，产生闪电的一种原因可能是火山灰的喷发。虽然地球上的雷暴伴随着降雨，但是金星表面不会下雨，尽管在大气层的上层会落下硫酸雨，但在距离金星表面25千米的高处就会因高温蒸发。金星表面有近千个均匀分布的撞击坑，其中约有85%的撞击坑保持着原始状态，撞击坑的数量及其保存完好的状态，显示这颗行星大约在3亿年前经历了一次全球性的事件，随后火山活动开始衰减。由于没有板块构造从地幔散热，金星反而经历一个使地幔温度升高的循环，直到它们达到临界的水准，削弱了地壳。然后，大约在1亿年前，金星发生了大规模地壳俯冲，使地壳完全重生。第一个火山活动持续的直接证据，出现在格尼奇峡谷的盾状火山马特山的带状裂口，在该处发现了3个红外线的闪光，其温度范围在527~827摄氏度，科学家们相信这是由于气体或熔岩从火山口喷出而产生的。

图2　在金星表面的撞击坑（影像由雷达数据重建）

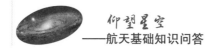

　　金星凹面的坑穴从 3 千米至 280 千米不等，由于浓稠大气的影响，受到大气层的减速，动能低于某一临界值的天体，将无法碰撞出撞击坑。若进入的天体直径小于 50 米，则将在坠落前在大气层中烧毁。

　　金星有着密度极高的大气层，大气层的主要成分包括二氧化碳和极少量的氮。金星大气层的质量是地球大气层的 93 倍，表面压力是地球的 92 倍左右，相当于在地球上海洋 1 千米深处的压力。大气层中大量的 CO_2，使得金星能够产生出整个太阳系中最强大的温室效应，金星表面的最低温度也有 462 摄氏度。金星能接受的太阳辐照度只有水星的 25% 左右，但其表面的温度却比水星更高，水星表面最高温度约 420 摄氏度。

图 3　1979 年，金星探测器以紫外线波段解释了金星大气层的结构

　　金星凌日是指太阳和地球之间的行星金星像暗斑一样掠过太阳盘面，并且遮蔽一小部分太阳对地辐射的天文现象，这类天文现象可能会持续数小时。发生金星凌日的循环周期是 243 年，在相隔大约 105.5 年或 121.5 年会各出现一对间隔 8 年的凌日，由英国天文学家杰雷米亚·霍罗克斯于 1639 年首先发现。

图 4　金星凌日

最近的一对凌日发生在 2004 年 6 月 8 日和 2012 年 6 月 5~6 日。

前一次的一对凌日发生在 1874 年 12 月和 1882 年 12 月，下一次将发生在 2117 年 12 月和 2125 年 12 月。金星凌日可为天文学家确定天文单位的大小提供机会，霍罗克斯在 1639 年借此测量太阳系的大小。

20 世纪 50 年代后期，天文学家用射电望远镜第一次观测了金星的表面。自 1961 年起，苏联和美国向金星发射了 30 多个探测器，对金星进行了飞越、环绕和着陆探测。

日本宇宙航空研究开发机构（JAXA）于 2010 年 5 月发射金星探测器破晓号，原定 2010 年 12 月 7 日进入金星轨道。然而"破晓号"在准备减速进入金星轨道时，通信设备发生了故障，与地面指挥中心短暂失去了联络，导致发动机停摆，探测器与金星擦身而过。在探测器绕行太阳五年之后，工程

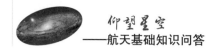
师们通过启动探测器的姿态控制推进器，使其进入一个环绕金星的椭圆形轨道。2015 年 12 月 7 日，"破晓号"成功进入环绕金星轨道。

参考文献

［1］　Williams，David R.Venus Fact Sheet.NASA.

［2］　Venus：Facts & Figures.NASA.

［3］　Castro，Joseph.What would it be like to live on Venus？

［4］　Jakosky，Bruce M.Atmospheres of the Terrestrial Planets.

［5］　Haus R，et al.Radiative energy balance of Venus based on improved models of the middle and lower atmosphere.Icarus，2016.

［6］　Klotz I.Venus transit offers opportunity to study planet's atmosphere.Christian Science Monitor，2012-06-06.

［7］　Mayo L.The Story of the Transit of Vennus.Astronomical Society of the Pacific website.Astronmical Society of the Pacific，2004.

［8］　Molaro P.Venus Transit and Lunar Mirror Help Find Exoplanets.Royal Astronomical Society website，2012-12-13.

相关链接

金星 1 号探测器

金星 1 号探测器是苏联于 1961 年 2 月 12 日发射的第一个飞向金星的探测器，其配备的科学仪器有离子陷阱、陨石探测器、宇宙射线计数器等。1961 年 2 月 12 日经由闪电号运载火箭发射后，进入近地点 229 千米、远地点 282 千米、倾角 65.7 度的环绕地球轨道，之后通过第四级火箭点火奔赴金星。2 月 12 日距离地球 126300 千米，2 月 13 日距离地球 488900 千米，之后开始每 5 天确认一次位置，2 月 17 日距离地球 1890000 千米、温度 29 摄氏度，一切正常。2 月 22 日进行确认时却搜索不到信号，此时距离地球已经 3200000 千米，于 3 月 4 日再次进行确认，仍搜寻不到信号。"金星 1 号"可能在

1961 年 5 月 19~20 日之间飞掠金星，距离金星约 100000 千米，之后便进入环绕太阳的日心轨道。

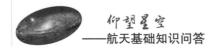
10 人类生存的家园——地球

地球是太阳系八大行星之一，是太阳系中直径、质量和密度最大的类地行星，距太阳约 1.5 亿千米。地球自西向东自转，同时围绕太阳公转。地球有一个天然卫星——月球，二者组成地月天体系统。

地球赤道半径约为 6378 千米，赤道周长约为 40076 千米，呈两极稍扁赤道略鼓的不规则椭圆球体。地球表面积约为 5.1 亿平方千米，其中 71% 为海洋，29% 为陆地，在太空上看地球呈蓝色。地球内部有核、幔、壳结构，地球外部有水圈、大气圈以及磁场。地球是目前宇宙中已知存在生命的唯一天体，是包括人类在内上百万种生物的家园。

图 1　太阳系，最左侧是太阳，向右依序为水星、金星、地球、火星、木星、土星、天王星与海王星

地球演化大致可分三个阶段：第一阶段地球圈层形成，距今约 46 亿年至 42 亿年。第二阶段太古宙、元古宙时期，距今 42 亿年至 5.4 亿年。第三阶段显生宙时期，由 5.4 亿年前至今。显生宙延续时间短暂，这一时期生物极其繁盛，地质演化迅速。

太阳系的物质起源于 45.672 亿 ±60 万年前，而大约在 45.4 亿年前（误差约 1%），地球和太阳系内的其他行星开始在太阳星云内形成。通过吸积过程，地球经过 1000 万~2000 万年时间，大致上已经完全成形。从最初熔

图2 地球

融状态，地球外层先冷却凝固成固体地壳，水也开始在大气层中累积。月球形成较晚，大约是 45.3 亿年前，一颗火星大小、质量约为地球 10% 的天体（通常称为忒伊亚）与地球发生致命性的碰撞。这个天体的部分质量与地球结合，还有一部分飞溅入太空，并有足够物质进入轨道形成了月球。释放出的气体和火山活动产生出了原始的大气层，小行星、较大的原行星、彗星和海王星外天体等携带来的水，使地球的水分增加，冷凝的水产生海洋。新形成的太阳光度只有目前太阳的 70%，但是有证据显示早期的海洋依然是液态的，温室效应和较高太阳活动的组合，提高了地球表面的温度，阻止了海洋的凝固。

关于大陆成长有两个主要的理论：稳定的成长到现代和在早期快速的成长。第二种学说显示，早期的地壳是快速成长的，随后长期稳定成长。在最后数亿年间，表面不断重塑，大陆持续形成和分裂，表面迁徙的大陆，偶尔会结成超大陆。大约在 7.5 亿年前，已知最早的一个超大陆罗迪尼亚开始分裂，稍后又在 6 亿至 5.4 亿年时合并成潘诺西亚大陆，最后是 1.8 亿年前开始分裂的盘古大陆。

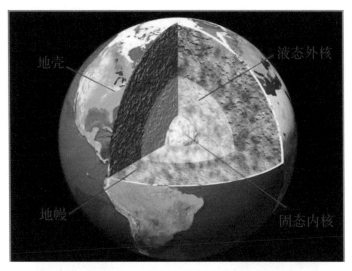

图 3　地球内部圈层结构

　　地球圈层分地球外圈和地球内圈两大部分。地球外圈可进一步划分为四个基本圈层，即大气圈、水圈、生物圈和岩石圈；地球内圈可进一步划分为三个基本圈层，即地幔圈、液体外核圈和固态内核圈。此外，在地球外圈和地球内圈之间还存在一个软流圈，它是地球外圈与地球内圈之间的一个过渡圈层，位于地下平均深度约 150 千米处。这样，整个地球总共包括八个圈层，其中岩石圈、软流圈和地球内圈一起构成了所谓的固体地球。地球各圈层在分布上有一个显著的特点，即固体地球内部与表面之上的高空基本上是上下平行分布的，而在地球表面附近，各圈层则是相互渗透甚至相互重叠的，其中生物圈表现最为显著，其次是水圈。

参考文献

［1］　Perlman，Howard.The World's Water.USGS Water Science School，2014.

［2］　Novacek，Michael J.Prehistory's Brilliant Future.The New York Times，2014.

［3］　黄河清."天球"、"地球"、"月球"、"星球"考源.华语桥.

［4］　The Earth's Centre is 1000 Degrees Hotter than Previously Thought.The European Synchrotron（ESRF），2013.

11 冷冷清清的广寒宫——月球

月球是人类肉眼能见到的美丽天体，但它并不像人们想象的那么充满诗情画意。真实的月球是一个表面凹凸不平、布满了大大小小的环形山和坑洞的寂静球体。月球本身不发光，只能反射太阳光。

月球的起源，历史上有三大派。其中碰撞说认为太阳系演化早期，在星际空间曾形成大量的"星子"，"星子"通过互相碰撞、吸积而合并形成原始地球。与此同时，形成了一个质量相当于地球14%的小天体"星子"。这两个天体在各自演化过程中，分别形成了以铁为主的金属核和由硅酸盐构成的幔和壳。由于这两个天体相距不远，一次偶然的机会，小天体"星子"以5千米/秒左右的速度撞击地球。剧烈的碰撞不仅改变了地球的运动状态，使地轴倾斜，而且还使小天体撞击破裂，硅酸盐壳和幔受热蒸发，膨胀的气体以极大的速度携带大量粉碎了的尘埃飞离地球。这些飞离地球的物质，主要由碰撞体的幔组成，也有少部分地球物质，比例大致为0.85：0.15。在撞击体破裂时，与幔分离的金属核受膨胀气体所阻而减速，大约在4小时内被吸积到地球上。飞离地球的气体和尘埃，并没有完全脱离地球的引力控制，通过相互吸积而结合起来，形成几乎熔融的月球。

"人有悲欢离合，月有阴晴圆缺"，月食是一种特殊的天文现象，当太阳、地球、月球三者恰好或几乎在同一条直线上时（地球在太阳和月球之间），太阳到月球的光线便会部分或完全地被地球掩

图1　月球碰撞说

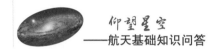
盖，产生月食。以地球而言，当月食发生的时候，太阳和月球的方向会相差180°。要注意的是，由于太阳和月球在天空的轨道（称为黄道和白道）并不在同一个平面上，而是有约5°的交角，所以只有太阳和月球分别位于黄道和白道的两个交点附近，才有机会连成一条直线，产生月食。月食分月偏食、月全食、半影月食三种。当月球只有部分进入地球的本影时，出现月偏食；当整个月球进入地球本影时，出现月全食。至于半影月食，是指月球只是掠过地球的半影区，造成月面亮度极轻微的减弱，很难用肉眼看出差别，因此不为人们所注意。

图2　月食现象

　　人类在地球上用肉眼所见的月面上阴暗部分，实际上是月球表面的广阔平原。以前人们没有很好的科学仪器，无法清晰地观测，所以认为月面上的阴暗部分是海洋，称之为月海。月海的地势一般较低，类似地球上的盆地，月海比月球平均水准面低1~2千米，月面的反照率（一种度量反射太阳光本领的物理量）也比较低，因而看起来较黑。月面上高于月海的地区称为月陆，一般比月海水准面高 2~3 千米，由于反照率高，因而看起来比较明亮。在月球正面，月陆的面积大致与月海相等，但在月球背面，月陆的面积要比月海大得多。从同位素测定可知，月陆比月海古老得多，是月球上最古老的地形特征，月表除了犬牙交错的众多环形山外，也存在着一些与地球上相似的山脉。月球上的山脉常借用地球上的山脉名，如阿尔卑斯山脉、高加索山脉等。其中最长的山脉为亚平宁山脉，绵延 1000 千米，但高度不过比月海水准面高三四千米。除了山脉和山群外，月面上还有四座长达数百千米的悬崖峭壁，其中三座突出在月海中，这种峭壁也称"月堑"。地球上有着许多著名的裂谷，如东非大裂谷，月面上也有这种构造。那些看起来弯弯曲曲的黑色大裂缝即为月谷，它们有的绵延几百到上千千米，宽度从几千米到几十千米不等。那些较宽的月谷大多出现在月陆上较平坦的地区，而那些较窄、较小的月谷（有时又称为月溪）则到处都有。大部分月球火山的年龄在 30 亿~40 亿年之间，最年轻的月球火山也有 1 亿年的历史。

嫦娥奔月、月亮中的玉兔和桂树都是不存在的，这些上古神话只是人们在未揭开月球的神秘面纱时，看到月球反射明暗不同的光影而形成的美好想象。

参考文献

［1］　Naming Astronomical Objects：Spelling of Names.International Astronomical Union，2010.

［2］　Barnhart，Robert K.The Barnhart Concise Dictionary of Etymology.USA：Harper Collins，1995.

［3］　新研究称地球可能曾有两个月亮.科学网，2011-08-04.

［4］　Lucey P.Understanding the lunar surface and space-Moon interactions［J］.Reviews in Mineralogy and Geocheistry，2006，60：83−219.

［5］　中国嫦娥四号中继星发射成功.多维新闻网，2018-12-07.

［6］　Tourma Jihad，Wisdom Jack.Evolution of the Earth-Moon system［J］.The Astronomical Journal，1994，108（5）：1943−1961.

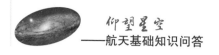
相关链接

首个着陆月球背面的探测器——嫦娥四号

嫦娥四号探测器由着陆器与巡视器组成，巡视器命名为"玉兔二号"。作为世界上首个在月球背面软着陆巡视探测的航天器，其主要任务是着陆月球表面，继续更深层次、更加全面地探测月球地质、资源等方面的信息，完善月球的档案资料。

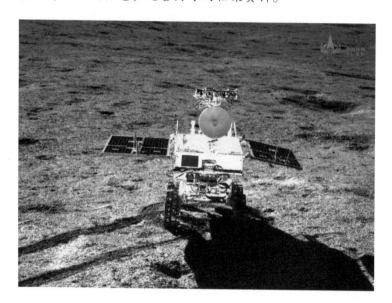

玉兔二号巡视器上安装了全景相机、测月雷达、红外成像光谱仪和与瑞典合作的中性原子探测仪。这些仪器可在月球背面通过就位和巡视探测，开展低频射电天文观测与研究，巡视区形貌、矿物组成及月表浅层结构研究，并试验性地开展月球背面中子辐射剂量、中性原子等月球环境研究。此外，着陆器还搭载了月表生物科普试验载荷。

月球背面比正面更为古老，冯·卡门撞击坑的物质成分和地质年代具有代表性，对研究月球和太阳系的早期历史具有重要价值。月球背面也是一片难得的宁静之地，避免了来自地球的无线电信号干扰，在此开展低频射电天文观测可以填补射电天文领域在低频观测段的空白，为研究太阳、行星及太阳系外天体提供可能，也将为研究恒星起源和星云演化提供重要资料。

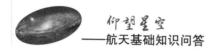

12 红色的沙漠之星——火星

火星是太阳系八大行星之一，是太阳系由内往外数的第四颗行星，属于类地行星，直径约为地球的53%，质量约为地球的11%。自转轴倾角、自转周期均与地球相近，火星的公转周期为687天，约为地球公转时间的两倍。

火星是地表沙丘、砾石遍布的沙漠行星，没有稳定的液态水。大气以二氧化碳为主，既稀薄又寒冷，沙尘悬浮其中，尘暴经常发生。火星和地球一样拥有多样的地形，有高山、平原和峡谷，地表的赤铁矿（氧化铁）使火星呈现出橘红色，所以火星有时被称为"红色行星"。由于重力较小等因素，地形尺寸与地球相比亦有不同的地方，南北半球的地形有着强烈的对比：北方是被熔岩填平的低原，南方则是充满陨石坑的古老高地，两者以明显的斜坡分隔；火山地形穿插其中，南北极则有干冰（固态的二氧化碳）和水冰组成的极冠，风尘、沙丘亦广布整个星球。

图1 火星的真实色彩影像，2007年2月由罗塞塔号拍摄（左）和古瑟夫撞击坑充满沙石的表面（右）

与地球相比，火星地质活动较不活跃，地表地貌大部分形成于远古较活跃时期，有密布的陨石坑、火山与峡谷，包括太阳系最高的山"奥林匹斯山"和最大的峡谷"水手号峡谷"。火星的内部情况只能依靠它的表面情况资料和大量相关的数据来进行推断：核心是半径为 1700 千米的高密度物质，外包一层熔岩，它比地球地幔更稠，最外层是薄薄的外壳。如同水星和月球，火星也缺乏活跃的板块运动，没有迹象表明火星发生过像地球般能造成如此多褶皱山系的地壳平移活动。火星的火山和地球不同，缺乏明显的板块运动，使火山分布以热点为主（地球火山有火环的构造）。奥林匹斯山是太阳系已知的最高的火山，高 27 千米，宽 600 千米。

火星公转轨道是椭圆形，平均温度约 –55 摄氏度，在接受太阳照射的地方，近日点和远日点之间的温差将近 160 摄氏度，这对火星气候产生了巨大的影响。尽管火星比地球小得多，但它的表面积却相当于地球表面的陆地面积。火星的大气密度只有地球的 1%，非常干燥，温度低，水和二氧化碳易冻结。火星早期与地球十分相似，像地球一样，火星上几乎所有的二氧化碳都被转化为含碳的岩石。由于缺少板块运动，火星无法使二氧化碳再次循环到大气中，从而无法产生意义重大的温室效应。即使把它拉到与地球距太阳同等距离的位置，火星表面的温度仍比地球冷得多。火星的两极永久地被固态二氧化碳覆盖着，这个冰罩的结构是层叠式的，它是由冰层与变化着的二氧化碳层轮流叠加而成。

火星有两个天然卫星：火卫一和火卫二。火卫一的形状不规则，呈土豆形状，每天可围绕火星 3 圈，距火星平均距离约 9378 千米，是太阳系中所有的卫星与其主星的距离中最近的。火卫一是太阳系中反射率最低的天体之一，它表面有一个巨大的撞击坑，叫斯蒂克尼撞击坑。由于轨道离火星很近，火卫一的转动快于火星的自转，因此从火星表面看火卫一从西边升起，在 4 小时 15 分钟或更短的时间内划过天空在东边落山。由于轨道周期短以及潮汐力的作用，火卫一的轨道半径在逐渐变小，最终将撞到火星表面，或破碎形成火星环。火卫二是火星较小、较外侧的已知卫星，平均半径为 6.2 千米，逃逸速度为 5.6 米 / 秒。火卫二与火星的距离是 23460 千米，以 30.3 小时的周期环绕火星转动，火卫二的轨道速度为 1.35 千米 / 秒。

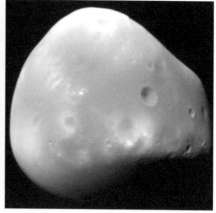

图2　火星勘测轨道器拍摄的经过色彩强化的火卫一影像（左）和增强影像的火卫二彩图（右）

　　火红色的火星，自古就吸引着人们，古代希腊称之为战神。截至2021年5月，人类共进行了47次火星探测，其中23次成功或部分成功，24次失败。

　　中国于2020年7月23日在文昌航天发射场，用长征五号运载火箭成功发射天问一号火星探测器，开启火星探测之旅。天问一号探测器于2021年2月到达火星附近，完成火星捕获，进入环火轨道。同年5月，成功着陆于火星乌托邦平原预选着陆区。

参考文献

［1］ Chang，Kenneth.Hitting Pay Dirt on Mars.New York Times，2013-10-01.

［2］ 刘洁.科学家首次发现火星液态水湖，news.cctv.com.

［3］ Bertaux，Jean-Loup，et al.Discovery of an aurora on Mars.Nature Magazine，2005-06-09［2006-06-13］.

［4］ Webster Guy，Brown Dwayne.Science Gains From Diverse Landing Area of Curiosity.NASA，2013-09-26.

［5］ 科学家发现火星的两颗卫星可能是被撞出来的.腾讯网，2016-04-22.

［6］ Cho Adrian.Mars Rover Finds No Evidence of Burps and Farts.Science（Journal），2013-09-19.

［7］ Britt Robert.Odyssey Spacecraft Generates New Mars Mysteries.Space.com，2004-01-26.

13 行星之王——木星

木星是太阳系八大行星中体积最大、自转速度最快的行星，其质量为太阳质量的千分之一，是太阳系中其他七大行星质量总和的 2.5 倍。

木星是一个气态巨行星，木星大气层的主要成分是氢，约占总质量的75%，其次是氦，约占总质量的 24%。木星有一石质内核，被一层含有少量氦、主要是氢元素的液态氢所覆盖。木星与土星、天王星、海王星都属于气体行星。

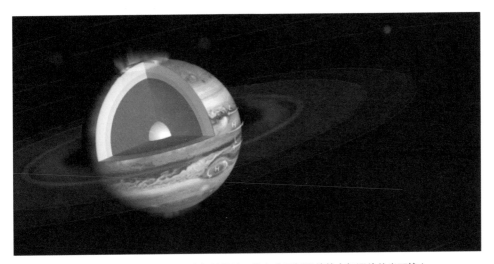

图 1　模型剖面图显示木星内部的构造，液态金属氢覆盖着内部深处的岩石核心

木星由于自转快而呈现扁球体，赤道附近有明显可见的微小凸起。外大气层依纬度分为多个带域，各带域相接的边际容易出现乱流和风暴，最显著的例子是大红斑，17 世纪时人们便使用望远镜首次发现了它的存在。

环绕木星的是行星环系统和强大的磁层。木星环的形状像个薄圆盘，由亮环、暗环和晕三部分组成，环的厚度不超过 30 千米。亮环离木星中心约13 万千米，宽 6000 千米。暗环在亮环的内侧，宽可达 5 万千米，其内边缘几乎同木星大气层相接。晕的延伸范围可达环面上下各 1 万千米，它在暗环

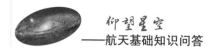

两旁延伸到最远点，外边界则比亮环略远。木星环由大量尘埃和黑色碎石组成，不反光，因此不易被观察到。

图2　哈勃太空望远镜的WFC3相机于2014年拍摄到的木星真实色彩影像，可清楚看见木星南半球的大红斑

　　木星磁场强度是地球的14倍，是太阳系中除了太阳黑子外最强的磁场。木星的磁层分布范围比地球磁层的范围大100多倍，是太阳系中最大的磁层。距离木星140万~700万千米之间的巨大空间都是木星的磁层；而地球的磁层只在距地心5万~7万千米的范围内。由于太阳风和磁层的作用，木星也和地球一样在极区有极光产生，极光的强度约为地球的100倍。

　　木星至少有79颗卫星，其中木卫一、木卫二、木卫三、木卫四是意大利天文学家伽利略在1610年用自制的望远镜发现的，这四颗卫星后被称为伽利略卫星。四颗伽利略卫星直径超过3000千米，而木卫三是太阳系中最大的卫星，比行星中的火星还要大。在四颗伽利略卫星到木星的轨道之间，还有四颗个头比较小的卫星，直径约在20~200千米，叫做"内卫星"。这八颗轨道近圆、轨道面基本在木星赤道面上、运行方向与木星自转方向相同的卫星被称为规则卫星。其他不规则卫星则按轨道特性分成多个族并建立了相应的命名法则。

迄今为止，共有 6 个探测器对木星进行了探测，即先驱者 10 号、11 号，旅行者 1 号、2 号，伽利略号以及朱诺号。

先驱者 10 号探测器于 1972 年 3 月 2 日发射，1973 年 12 月 3 日与木星会合，在离木星 13 万千米处飞掠而过，传回 300 多幅木星云层和木星卫星的彩色图像，是世界上首个对木星进行观测的探测器。

图 3　"先驱者 10 号"

先驱者 11 号探测器于 1973 年 4 月 6 日发射，1974 年 12 月 5 日到达木星。它离木星表面最近时只有 4.6 万千米，传回有关木星磁场、辐射带、重力、温度、大气结构以及 4 颗伽利略卫星的数据资料。

1977 年 8 月 20 日和 9 月 5 日，美国又相继发射了旅行者 2 号和旅行者 1 号探测器。旅行者 1 号探测器到访过木星及土星，是第一个提供了木星、土星以及其卫星详细照片的探测器，也是现今离地球最远的探测器。它的主要任务在 1979 年经过木星系统、1980 年经过土星系统之后，结束于 1980 年 11 月 20 日。2014 年 9 月 13 日，美国国家航空航天局召开新闻发布会，宣布"旅行者 1 号"已经离开太阳系并进入星际空间。"旅行者 2 号"于 1979 年 7 月 9 日到达木星附近，从木星及其卫星中间穿过，在距木星 72 万千米处拍摄了几千张照片。

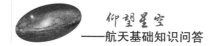

1989年，美国发射了伽利略号探测器，1995年12月，"伽利略号"抵达环木星轨道并将一个探测器释放到了木星上。"伽利略号"在2003年9月21日坠毁于木星，以此结束其近14年的太空探索生涯，这是美国国家航空航天局（NASA）自1999年以来首次控制探测器在地球之外的天体上坠毁。2011年8月5日，美国发射朱诺号木星探测器。2016年7月，抵达木星并开始收集有关该行星核心的数据，描绘其磁场，测量大气中水和氨的含量，观察木星表面著名的大红斑从而揭示其深层的秘密。

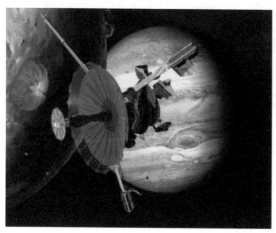 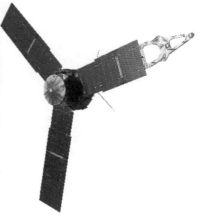

图2 "伽利略号"（左），"朱诺号"（右）

参考文献

［1］ The Jupiter Satellite and Moon Page.2017.

［2］ Saumon D，Guillot T.Shock Compression of Deuterium and the Interiors of Jupiterand Saturn［J］. The Astrophysical Journal，609（2）：1170–1180.

［3］ Chang，Kenneth.NASA's Juno Spacecraft Enters Jupiter's Orbit.New York Times，Retrieved July 5，2016.

［4］ Williams，David R.Jupiter Fact Sheet.NASA.

［5］ Astrodynamic Constants.JPL Solar System Dynamics.

相关链接

伽利略号

"伽利略号"是 NASA 发射的一个无人航天器,专门用作研究木星及其卫星,它以文艺复兴时期意大利天文学家伽利略的名字命名,于 1989 年 10 月 18 日由航天飞机亚特兰蒂斯号运送升空,是首个围绕木星公转并对木星大气进行探测的航天器。在前往木星的旅程中,"伽利略号"发现了首个属于小行星的卫星,它从 1995 年进入木星的轨道直到 2003 年坠毁,在木星工作了 8 年之久。由于推进剂的消耗,且发射前并未通过无菌处理,为避免与可能存在生命的木卫二碰撞,造成其环境污染,最终伽利略号被安排撞向木星摧毁。2003 年 9 月 21 日,它以 50 千米 / 秒的速度坠落木星大气层,结束它长达 14 年的任务使命。

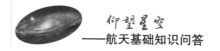

先驱者 10 号探测器

"先驱者 10 号"是 NASA 在 1972 年 3 月 2 日发射的一个重258 千克的无人航天器，它是人类史上第一个安全通过火星与木星之间的小行星带的航天器，也是第一个拜访木星的航天器。1983 年 6 月 13 日，"先驱者 10 号"飞越海王星轨道，成为第一个离开八大行星范围的人造物体，当时的速度高达 14 千米 / 秒。2003 年 1 月 23 日，由于发射功率不足，在距离地球 122.3 亿千米处与地球失去联络飞向深空。"先驱者 10 号"携带了一块人类向可能存在的外星人问候、并表明我们在银河系位置的镀金铝板。"先驱者 10 号"目前正以每年 2.6 个天文单位的速度朝金牛座的双星前进。

14 戴着"大草帽"的行星——土星

土星是太阳系八大行星之一，是太阳系由内往外数的第六颗行星，体积仅次于木星，与木星、天王星及海王星同属类木行星。古希腊称土星为克洛诺斯，古代中国称之镇星或填星。土星周围存在着一圈土星环，在望远镜中看来犹如戴着一顶草帽，使得土星显得更加美丽。

图1 土星

土星主要由氢组成，还有少量的氦与微量元素。土星的内部结构与木星相似，有一个被氢和氦包围的岩石核心，岩石核心的构成与地球相似但密度更高。在核心之上，有更厚的液体金属氢层、数层的液态氢和氦层，在最外层是厚达1000千米的大气层。土星核心区域的质量大约是地球质量的9~22倍，核心温度高达11700摄氏度，辐射到太空中的能量是它接受来自太阳能量的2.5倍。

土星有一个简单的具有对称形状的内在磁场，大约是木星磁场的1/20，比地球磁场弱。由于磁场强度远比木星的磁场强度弱，因此土星的磁层仅延伸至土卫六轨道之外。

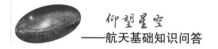
　　土星的周围环绕着总宽度超过20万千米的土星环,环系的主体含有A、B、C、D、E、F和G七个环,以及环与环之间称为环缝的一些暗区。环编号的次序是根据发现时间的先后,而不是按它们离土星本体的远近来确定的。环缝则通常以发现者的名字来命名,它们是一些质点密度相对很小的区域。

图2　土星环

　　土星是太阳系中卫星数目仅次于木星的一颗行星,周围有许多大大小小的卫星紧紧围绕着它旋转,这些卫星在土星赤道平面附近以近圆轨道绕土星转动,就像一个小家族。已经确认的土星卫星有82颗,只有7颗卫星有足够的质量能够以自身的重力达到流体静力平衡,其中的土卫六是土星系统中最大、太阳系中第二大的卫星,比行星中的水星还要大,并且是唯一拥有明显大气层的卫星。

　　为了探测太阳系的物理情况,"先驱者11号"在1973年4月发射升空,并于1979年9月1日飞临土星,成为第一个就近探测土星的人造天体。而后旅行者1号、2号探测器在考察完木星后,继续飞向土星,对土星进行了考察。科学家对旅行者2号探测器传回的照片进行研究后发现,土星北极上空出现了六角形云团,促使科学家们不得不重新认识土星。1997年10月,重6吨的卡西尼号星际探测器被发射飞往土星的轨道,经过6年8个月、35亿千米的漫长太空旅行之后,于北京时间2004年7月1日顺利进入环绕土星转动的轨道,开始对土星大气、光环和卫星进行历时4年的科学考察。2017年9

月 15 日，已经在太空工作 20 年的卡西尼号探测器在受控情况下，于土星大气层中坠毁。

图 3 卡西尼号探测器到达土星效果图

参考文献

［1］ Williams，David R.Saturn Fact Sheet.NASA，2017.

［2］ NASA：Solar System Exploration：Planets：Saturn：Facts & Figures.2011.

［3］ Piazza，Enrico.Saturn's Moons.Cassini Equinox Mission，JPL NASA.

［4］ Saturn – The Most Beautiful Planet of our solar system.Preserve Articles，2011.

［5］ Rincon Paul.Saturn rings have own atmosphere.British Broadcasting Corporation，2005.

相关链接

旅行者 1 号探测器

旅行者 1 号探测器是由 NASA 研制的一艘无人外太阳系空间探测器，于 1977 年 9 月 5 日发射，在 1979 年经过木星系统，并于 1980 年掠过土星。由于发现了土卫六拥有浓密的大气层，科学家最终决定让旅行者 1 号向土卫六驶近一点进行研究，结果造访天王星和海王星的任务只得交予"旅行者 2 号"。2014 年 9 月 13 日，美国

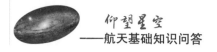
国家航空航天局召开新闻发布会，宣布"旅行者1号"已经离开太阳系并进入星际空间。一旦进入星际空间，"旅行者1号"将需要4万年的时间才能抵达下一个恒星系。"旅行者1号"上的电池能够保证它继续飞行至2025年。一旦电池耗尽，"旅行者1号"将继续向银河系中心前进，再也回不来了。

15 躺着旋转的行星——天王星

天王星是太阳系八大行星中由内向外数的第七颗行星，体积在太阳系行星中排名第三，质量排名第四。天王星的外表没有独特之处，但是其自转却别具一格。当天王星运行到近日点时，其自转轴几乎是对着太阳的，看起来就像是躺着转动的。除天王星外，金星是倒着转的，其他六颗行星的自转轴都是大致垂直于公转轨道面的，倾斜角不会超过30度。

图1 "旅行者2号"拍摄的天王星

天王星标准结构包括三个层面：中心是岩石核，中间是冰的地幔，最外面是氢/氦组成的外壳。核非常小，只有地球质量的55%；地幔庞大，质量大约是地球的13.4倍；最外层的大气层不明确，大约占有剩余20%的半径，但质量大约只有地球的50%。天王星和海王星的大块结构与木星和土星很不相同，冰的成分超过气体，因此又将它们称之为冰巨星。

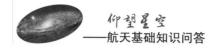

天王星内部没有明确的固体表面，最外面的气体包壳，被称为大气层，其主要成分是氢、氦和甲烷。地幔由甲烷和氨的冰组成，可能含有水，内核由冰和岩石组成。与其他气体巨星，甚至与相似的海王星比较，天王星的大气层非常平静。在天王星记录到的最低温度是零下224摄氏度，比海王星还要冷，是太阳系温度最低的行星。直接以肉眼观察，天王星的表面呈现蓝绿色，这是因为它的甲烷大气吸收了大部分的红色光谱。

1986年，NASA的"旅行者2号"拜访了天王星，这是人类航天器唯一一次近距离探测天王星。"旅行者2号"的观测显示，天王星的磁场非常奇特，它不起源于天王星的几何中心，磁场中心位于天王星的几何中心往南极偏离约天王星半径三分之一的位置，且磁场轴相对于自转轴倾斜59度。这种异常的几何关系使得磁场非常不对称，在南半球的表面，磁场强度低于0.1高斯，而在北半球的强度高达1.1高斯，表面的平均强度是0.23高斯。相较之下，地球两极的磁场强度大约是相等的，并且"磁赤道"大致上也与物理上的赤道平行，而天王星的偶极矩是地球的50倍。科学家曾提出若干机制来解释这些异常的磁场，但都没有达成共识。

图2　旅行者2号探测器

天王星有一个黯淡的行星环系统，由大小从微米到数米的黑暗粒状物组成。天王星环有 13 个圆环，其中最明亮的是 ε 环，其他环都非常黯淡。天王星光环像木星的光环一样暗，像土星的光环那样有相当大的直径。

已知的天王星的天然卫星有 27 颗，这些卫星的名称都出自莎士比亚和蒲伯的歌剧。五颗主要卫星的名称是米兰达、艾瑞尔、乌姆柏里厄尔、泰坦尼亚和欧贝隆。在这些卫星中，泰坦尼亚最大，半径 788.9 千米，不到月球的一半，但是比土星第二大卫星稍大些。艾瑞尔有着最年轻的表面，上面只有少许的陨石坑，而乌姆柏里厄尔看起来是最老的。米兰达拥有深达 20 千米的断层峡谷，梯田状的层次和混乱的变化，形成令人混淆的表面年龄特征。

参考文献

［1］ Williams，David R.Uranus Fact Sheet.NASA.Retrieved August 6，2020.

［2］ Jacobson R A，Campbell J K，Taylor A H，et al.The masses of Uranus and its major satellites from Voyager tracking data and earth-based Uranian satellite data［J］.The Astronomical Journal，1992，103（6）.

［3］ Podolak M，Weizman A，Marley M.Comparative models of Uranus and Neptune［J］.Planetary & Space ence，1995，43（12）：1517-1522.

［4］ Ness N F，Acuna M H，Behannon K W，et al.Magnetic Fields at Uranus［J］.Science，1986，233（4759）：85-89.

［5］ Smith B A，Soderblom L A，Beebe R，et al.Voyager 2 in the Uranian System： Imaging Science Results［J］.Science，1986，233（4759）：43-64.

相关链接

旅行者 2 号探测器

旅行者 2 号探测器于 1977 年 8 月 20 日在肯尼迪航天中心成功发射升空，是旅行者 1 号的姊妹探测器。旅行者 2 号探测完木星和土星后，又摆脱土星的引力加速飞往天王星和海王星，成为第一艘造访天王星和海王星的探测器。"旅行者 2 号"于 1986 年经过天王星，

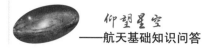

于 1989 年经过海王星。与旅行者 1 号探测器一样，旅行者 2 号探测
器也携带有"地球名片"——其中包括各种几何图案的镀金铜片，
以及记录有地球上各种声音的唱盘，为的是让可能存在的外星智慧
生物知道地球上也存在着生命。

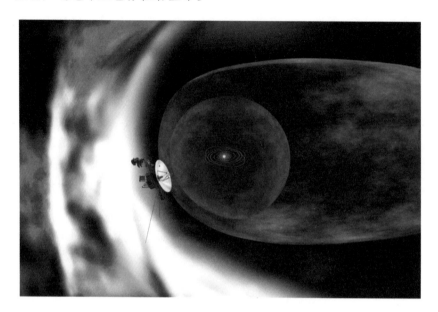

16 笔尖上的发现——海王星

　　海王星是八大行星中距离太阳最远的行星，亮度仅为 7.85 等，在天文望远镜里才能看到。由于它那荧荧的淡蓝色光，西方用罗马神话海神——"波塞冬（Poseidon）"称呼。当初发现天王星后，人们发现天王星实际轨道和理论计算总是不符，怀疑在天王星轨道外有一颗未知的大行星存在，它的引力干扰了天王星的运行。于是人们先计算了这颗行星所在位置，然后去那个位置寻找，果然发现了这颗行星。因此，人们把海王星亲切地叫做"笔尖上发现的行星"。

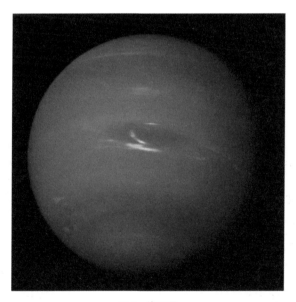

图 1　海王星

　　海王星质量是地球质量的 17 倍，是木星质量的 1/18。海王星和天王星质量较典型类木行星小，密度、组成成分、内部结构也与典型类木行星有显著差别，海王星和天王星常常被归为类木行星的一个子类——冰巨星。在寻找太阳系外行星领域，海王星被用作一个通用代号，用来代指发现的所有与海

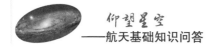

王星类似的系外行星，就如同天文学家们常常说的系外"木星"。海王星轨道距太阳很远，从太阳得到的热量很少，海王星大气层顶端温度只有 –218 摄氏度，大气层顶端向内温度稳定上升，和天王星一样，海王星内部热量的来源仍未知。作为太阳系最外侧的行星，海王星有着太阳系所有行星系统中已知的最高速的风暴，其能量完全来自海王星内部。对其内部热源有几种解释，包括行星内核的放射热源，行星生成时吸积盘塌缩能量的散热，还有重力波对平流圈界面的扰动。海王星的星核是一个质量不超过一个地球质量的混合体，由岩石和冰构成。海王星地幔总质量相当于10~15个地球质量，富含水、氨、甲烷和其他成分。依据行星学惯例，称这种混合物为冰（其本质为高度压缩的过热流体）。这种高电导的流体通常也被叫做"水‐氨大洋"。海王星大气层包括从大气层顶端向海王星中心高度10%~20%的范围，高层大气包含80%的氢和19%的氦，内部大气底端温度更高，密度更大，逐渐和行星地幔的过热液体混为一体。海王星内核的压力是地球表面大气压的数百万倍。通过比较转速和扁率可知，海王星的质量分布不如天王星集中。

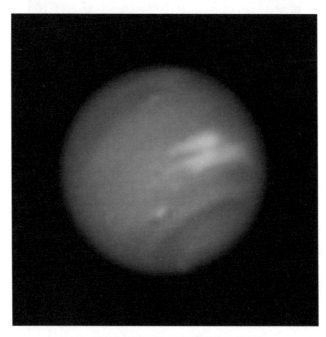

图2 哈勃太空望远镜2016年拍摄的海王星

海王星已知的天然卫星有 14 颗，其中最大也是唯一拥有足够质量成为球体的海卫一，是在海王星被发现 17 天以后由威廉·拉塞尔发现的。与其他大型卫星不同，海卫一运行于逆行轨道，说明它是被海王星俘获的。它与海王星的距离足够近，使它被自旋锁定，并且由于潮汐力，它正在缓慢地以螺旋的方式靠近海王星。海卫一是太阳系中被测量到的最冷的天体，温度为 –235 摄氏度。海王星第二个已知卫星是形状不规则的海卫二，它是太阳系中轨道离心率最大的卫星之一。从 1989 年 7 月到 9 月，"旅行者 2 号"发现了六个新的海王星卫星，其中形状不规则的海卫八拥有在其密度下，不会被它自身的引力变成球体的最大体积。尽管海卫八是质量第二大的海王星卫星，但它只是海卫一质量的四百分之一。最靠近海王星的四个卫星，海卫三、海卫四、海卫五和海卫六，其轨道都在海王星的环内。靠外的海卫七是在 1981 年观测掩星的时候被观察到的，起初掩星的原因被归结为行星环上的弧，但据 1989 年"旅行者 2 号"的观察，才发现是由卫星造成的。由于海王星得名于罗马神话的海神，它的卫星都以低等的海神命名。哈勃太空望远镜升空后，帮助人类发现了更多的海王星卫星，极大地丰富了人类对海王星的认知。

1989 年，美国国家航空航天局的旅行者 2 号探测器发现了海王星大黑斑（The Great Dark Spot）。在表面南纬 22 度，有类似木星大红斑及土星大白斑的蛋形旋涡，以约 16 天的周期逆时针方向旋转，称为"大黑斑"。大黑斑每 18.3 小时左右绕行海王星一圈，比海王星的自转周期还要长，大黑斑附近纬度吹着速度达 300 米 / 秒的强烈西风。考虑到它处于太阳系的外围，接受的太阳光照比地球微弱，约为千分之一，这个现象和科学家们的原有期望不符。曾经普遍认为行星离太阳越远，驱动风暴的能量就应该越少。木星上的风速达每小时数百千米，而在更加遥远的海王星上，科学家发现风速没有变慢而是变快了。这种反常现象的可能原因是，风暴有足够的能量产生湍流，然而在海王星上，太阳能过于微弱，一旦开始刮风，它们遇到很少的阻碍，从而能保持极高的速度。这些风暴从海王星获得的能量比它从太阳得到的更多，但其内在能量来源仍尚未确定。

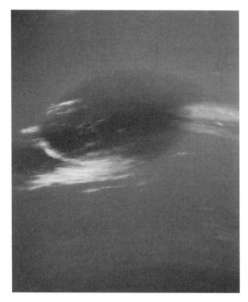

图 3　海王星大黑斑

参考文献

［1］　Williams，David R.Uranus Fact Sheet.NASA.Retrieved August 6，2020.

［2］　Chang，Kenneth.Dark Spots in Our Knowledge of Neptune［N］.New York Times，2014.

［3］　Podolak M，Weizman A，Marley M.Comparative models of Uranus and Neptune［J］.Planetary & Space ence，1995，43（12）：1517-1522.

［4］　Lunine，Jonathan I.The Atmospheres of Uranus and Neptune［J］.Annual Review of Astronomy and Astrophysics，1993.

［5］　Chyba C F，Jankowski D G，Nicholson P D.Tidal evolution in the Neptune-Triton system［J］.Astronomy and Astrophysics，1989，219（1）：23-26.

 相关链接

哈勃太空望远镜

　　哈勃太空望远镜，以天文学家爱德温·哈勃的名字命名，是人类历史上第一座太空望远镜。哈勃太空望远镜于 1990 年 4 月 24 日发射升空，成功摆脱大气层和地面光线的干扰，帮助天文学家解决了许多天文学上的基本问题，使得人类对天文物理有了更多的认识。它帮助天文学家进一步精确了宇宙年龄、证实了星系中央存在黑洞、发现了年轻恒星周围孕育行星的尘埃盘、拍下了彗星撞击木星的照片、帮助确认了宇宙中存在暗能量。

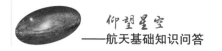
17 最郁闷的"行星"——冥王星

冥王星是第一颗被发现的柯伊伯带天体，是太阳系内已知体积最大、质量第二大的矮行星。在直接围绕太阳运行的天体中，冥王星体积排名第九，质量排名第十，也是体积最大的外海王星天体，其质量仅次于位于离散盘中的阋神星。与其他柯伊伯带天体一样，冥王星主要由岩石和冰组成，它相对较小，质量仅有月球的六分之一，体积仅有月球的三分之一。冥王星近日点距离太阳为 30 天文单位（约 45 亿千米），远日点距离太阳为 49 天文单位（约 74 亿千米）。冥王星周期性进入海王星轨道内侧，又因两者相互的轨道共振而不会碰撞。由于距离遥远，太阳光平均需要 5.5 小时才能到达冥王星。1930 年克莱德·汤博首先发现冥王星，并将其视为第九大行星。1992 年后，人类在柯伊伯带发现了一些质量与冥王星相当的天体，这些发现开始挑战冥王星的行星地位。2005 年发现的阋神星质量甚至比冥王星的质量还多出 27%，因此国际天文联合会（IAU）在翌年正式将冥王星排除出行星范围，将其划为矮行星（类冥天体）。2015 年 7 月 14 日，美国国家航空航天局发射的新视野号探测器飞掠冥王星，成为人类首颗造访冥王星的探测器。

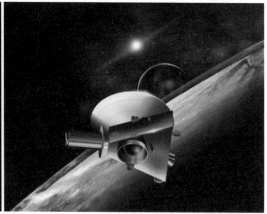

图 1　冥王星（左）和新视野号探测器（右）

冥王星轨道十分反常，有时候比海王星离太阳更近，从 1979 年 1 月开始持续到 1999 年 2 月。冥王星围绕太阳公转一个周期大约需要 248 年，刚好是海王星绕太阳公转周期的 1.5 倍，它的椭圆形轨道位于太阳系中被称为柯伊伯带的区域。冥王星的表面温度大概在 –238~–218 摄氏度之间，它像海卫一一样可能由 70% 岩石和 30% 冰水混合而成。冥王星地表光亮的部分可能覆盖着固体氮以及少量的固体甲烷和一氧化碳，冥王星表面的黑暗部分可能是一些基本的有机物质或是由宇宙射线引发的光化学反应。

冥王星的大气层主要由氮和少量的一氧化碳及甲烷组成，大气极其稀薄，表面压强只有微帕级，冥王星大气层只有在靠近近日点时才是气体，而在其他时间会凝华成固体。冥王星和海王星不寻常的运行轨道以及相似的体积，使人们感到它们俩之间在历史上存在着某种关系。有人认为冥王星过去是海王星的一颗卫星，一个更为普遍的学说认为海卫一原本与冥王星一样，自由地运行在环绕太阳的独立轨道上，后来被海王星吸引过去了。冥卫一可能像月球之于地球一样，是冥王星与另外一个天体碰撞的产物。有趣的是，在冥王星表面有一个心形区域，被称为"冥王之心"。

图 2 新视野号探测器飞越后拍摄的接近真彩色的图像

图3 "汤博区"中的斯普特尼克冰原

冥王星已知有五个天然卫星，包括1978年发现的冥卫一、2005年发现的冥卫二和冥卫三、2011年发现的冥卫四、2012年发现的冥卫五。冥王星系统非常紧凑，五颗卫星都处于稳定顺行轨道，其轨道都为圆形（离心率小于0.006），与冥王星赤道共面（倾角小于1°），且都处于或接近轨道共振。"冥王星-冥卫一"系统的质心在冥王星外，剩下的四颗卫星的运行轨道都位于冥卫一轨道外，冥卫一、冥卫二、冥卫三、冥卫四的轨道周期之比接近1：3：4：5。

参考文献

［1］ Williams，David R.Pluto Fact Sheet.NASA.Retrieved August 6，2020.

［2］ Sussman，Gerald Jay，Wisdom，Jack.Numerical evidence that the motion of Pluto is chaotic［J］. Science，1988，241（4864）：433-437.

［3］ Nimmo F，Umurhan O，Lisse C M，et al.Mean radius and shape of Pluto and Charon from New Horizons images［J］.Icarus，2016：S0019103516303529.

［4］ Soter S.What is a planet？［J］.The Astronomical Journal，2006，296（1）：34-41.

［5］ Margot J L.A Quantitative Criterion for Defining Planets［J］.The Astronomical Journal，2015，150（6）：185.

［6］ Moore，Jeffrey M，et al. The geology of Pluto and Charon through the eyes of New Horizons［J］. Science，2016，351（6279）：1284-1293.

相关链接

新视野号探测器

2006年1月19日，美国国家航空航天局在佛罗里达州卡纳维拉尔角肯尼迪航天中心发射升空了冥王星探测器——"新视野号"，其主要任务是探测冥王星及其最大的卫星卡戎（冥卫一）和探测位于柯伊柏带的小行星群。"新视野号"是人类发射过起始速度最快的太空探测器，已经于北京时间 2015 年 7 月 14 日 19 时 49 分飞掠冥王星。2015 年 8 月 29 日，NASA 公布了这艘探测器的下一个目的地——编号为 2014 MU69 的柯伊伯带天体。2019 年 1 月 1 日，"新视野号"飞越了人类目前探测过的最远天体——科学家将其形象地命名为"天涯海角"（Ultima Thule）。

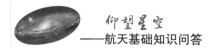

18 太阳系的边疆——柯伊伯带和奥尔特云

柯伊伯带是太阳系在海王星轨道外侧（约30~55天文单位）的黄道面附近、天体密集的中空圆盘状区域，是彗星与小行星的聚集体。其中，柯伊伯带大部分物体分布在太阳系的冰冷边缘处，目前已经确认有1000多个柯伊伯带物体，尺寸从几十千米到几百千米。柯伊伯带的物体包括厄里斯（Eris）与其卫星阋卫一（Dysnomia）、冥王星（冥王星已被认为是一颗"矮行星"）与其卫星卡戎（Charon），以及2005FY9、2003EL61、塞德娜（Sedna）、创神星（Quaoar）等。柯伊伯带大致上可以分为共振带和传统带两部分，共振带是由与海王星轨道有共振关系的天体组成的（其实海王星本身也算是共振带中的一员），传统带的成员则是不与海王星共振、散布在39.4~47.7天文单位范围内的天体。

图1　柯伊伯带天体想象图

柯伊伯带天体是太阳系形成时遗留下来的一些团块。在45亿年前，许多这样的团块在更接近太阳的地方绕着太阳转动，它们相互碰撞，有的结合在一起，形成地球和其他类地行星，以及气体巨行星的固体核。在远离太阳的地方，那里的团块处在深度的冰冻之中，就一直原样保存了下来。柯伊伯带以及更外围的奥尔特云，是太阳系起源和早期演变的重要线索。天文学家普遍认为奥尔特云是 50 亿年前形成太阳及其行星的星云之残余物质，包围着太阳系。

柯伊伯带矮行星的外幔和表面由冰冻的水和一些气体元素的低熔点化合物组成，有的其中混杂着一些由重元素化合物组成的岩石矿物质，厚度占星体半径的比例相对较大，所占星体质量相对较小。柯伊伯带矮行星体积和总质量不大，平均密度较小，一些大行星的卫星也具有这种类似矮行星的结构，像木卫二、木卫三、木卫四、土卫一、土卫六等。人们过去曾将这些矮行星算作小行星中的一类，直到 2006 年才将它们从小行星中分离出来，划作单独的一类，称为矮行星，并把冥王星归入其中。

图 2　长得像橄榄球的矮行星——妊神星

柯伊伯带矮行星的星体结构与它们所处太阳系外围的低温环境和自身的质量有关。一方面，太阳的温度不足以将它们由气体元素组成的低熔点物质

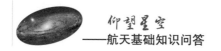
驱散，另一方面，它们自身原始质量较小，星体本身不能将氢、氦等较轻的轻元素气体束缚住。星体收缩产生的热量也不能将一些较重气体元素组成的化合物（如水和碳氢化合物等）完全驱散，而会保留下一部分，同时引力又使它足以形成分层的物质结构，使较轻的物质浮于较重的由重元素组成的岩石质物质表面。随着星体的冷却，轻物质在表面上凝固下来，因此形成了具有这种结构的星体。

奥尔特云是一个假设包围着太阳系的球体云团，充满着很多不活跃的彗星，距离太阳约 50000~100000 天文单位，最大半径差不多为 1 光年，即太阳与比邻星距离的四分之一。彗星是进入太阳系内亮度和形状会随日距而变化的绕日运动的天体，呈云雾状的独特外貌，分为彗核、彗发、彗尾三部分。彗核由冰物质构成，当彗星接近太阳时物质升华，在冰核周围形成朦胧的彗发和一条稀薄物质流构成的彗尾。由于太阳风的压力，彗尾总是指向背离太阳的方向，一般长几千万千米，最长可达几亿千米，其形状像扫帚，所以俗称扫帚星。目前人们已发现绕太阳运行的彗星有 1600 多颗，而我们熟知的流星雨则是一种与彗星有关的天文现象。

离太阳较近时，彗星会拖着较长且明亮稀疏的彗尾，让过去的人们觉得彗星很靠近地球，就在我们的大气范围之内。1577 年第谷指出，当从地球上不同地点观察时，彗星并没有显出方位不同，因此他得出了彗星离我们很远的正确结论。彗星属于太阳系小天体，每当彗星接近太阳时，它的亮度会迅速增强。观察离太阳相当远的彗星可得出，它们沿着椭圆轨道运动，太阳位于椭圆的一个焦点上，与开普勒第一定律一致。彗星大部分的时间运行在离太阳很远的地方，在那里彗星是看不见的，只有当它们接近太阳时才能见到。1705 年，哈雷发现了历史上第一颗轨道是周期性的彗星——哈雷彗星，其周期平均为 76.1 年。历史记录表明，自公元前 466 年以来，它每次通过太阳时都被观测到了。

图 3 彗星

参考文献

[1] Stern，Alan，Colwell，Joshua E.Collisional Erosion in the Primordial Edgeworth-Kuiper Belt and the Generation of the 30–50 AU Kuiper Gap［J］.The Astrophysical Journal，1997，490（2）：879–882.

[2] Delsanti，Audrey，David Jewitt.The solar system beyond the planets.Solar System Update［M］.Springer，Berlin，Heidelberg，2006：267–293.

[3] Davies，John.Beyond Pluto：Exploring the outer limits of the solar system［M］.Cambridge University Press，2001.

[4] Jewitt D，Luu J.Discovery of the candidate Kuiper belt object 1992 QB1［J］.Nature，1993，362（6422）：730–732.

[5] Corum，Jonathan.New Horizons Glimpses the Flattened Shape of Ultima Thule – NASA's New Horizons spacecraft flew past the most distant object ever visited：a tiny fragment of the early solar system known as 2014 MU69 and nicknamed Ultima Thule – Interactive.The New York Times，2019.

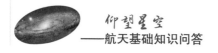
相关链接

FAST——中国"天眼"

500米口径球面射电望远镜（FAST），位于贵州省黔南布依族苗族自治州平塘县克度镇的喀斯特洼坑中，为国家重大科技基础设施，由主动反射面系统、馈源支撑系统、测量与控制系统、接收机与终端及观测基地等几大部分构成，500米口径球面射电望远镜被誉为"天眼"。"天眼"工程由我国天文学家南仁东于1994年提出构想，历时22年建成，于2016年9月25日落成启用，它是由中国科学院国家天文台主导建设，具有我国自主知识产权、世界最大单口径、最灵敏的射电望远镜，综合性能是著名的射电望远镜阿雷西博的10倍。

第二章
地球家园

19 地球的起源和演化

地球的起源自古以来都是人们关心的问题。在古代，人们就曾探讨过包括地球在内的天体万物的形成问题，关于创世的各种神话也广为流传。自1543年波兰天文学家哥白尼提出日心说之后，天体演化的讨论才开始步入科学范畴，逐渐形成了诸如星云说、遭遇说等学说。但事实上，任何关于地球起源的假说都有待证明。

早期对于地球起源的假说主要分两大派。一派认为太阳系是由一团旋转的高温气体逐渐冷却凝固而成的，称为渐变派，以康德（I.Kant，1755）和拉普拉斯（P.S.Laplace，1796）为代表。另一派认为太阳系是由2个或3个恒星发生碰撞或近距离吸引而产生的，称为灾变派。这派的代表最早是布丰（G.L.L.Buffon，1745），之后是张伯伦（T.C.Chamberlin，1905）和摩耳顿

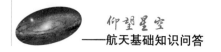

（F.R.Moulton，1901）等人。由这两派学说又产生了许多其他学说，但都不能完美解释天文观测所得到的事实。

早期假说属于系内成因理论，该理论认为绕太阳运动的行星等天体是在太阳系内形成的，其中也包括地球。而现代假说属于系外成因理论，该理论认为绕太阳运动的行星等天体是在太阳系外的宇宙空间形成的。在距今 5.4 亿年左右，当这些天体运行到距离太阳适当位置时，被太阳捕获而成为绕太阳运动的行星。地球被太阳捕获后，地球上开始有了阳光，地质时期进入显生宙，生物爆发式地出现和发展，冰川融化，形成大量的生物碎屑灰岩等沉积建造。

显生宙，顾名思义，指"看得见生物的年代"，是开始出现大量较高等动物（已具有外壳和清晰的骨骼结构）以来的阶段，包括古生代、中生代和新生代，从距今大约 5.4 亿年前延续至今。

关于地球的演化，科学界也一直有着不同的观点。但是已经形成了一种比较公认的看法：地球的内部圈层与外部圈层的发展与演化是相互关联的。地球的演化主要分为以下几个阶段。

第一阶段为地球圈层形成时期（冥古宙），距今大致 46 亿年 ~42 亿年。46 亿年前的地球与现今 21 世纪的大不相同，根据科学家推断，地球形成之初是一个由炽热液体物质（主要为岩浆）组成的球体。随着时间的推移，地表的温度不断下降，固态的地核逐渐形成。密度大的物质向地心移动，密度小的物质（岩石等）浮在地球表面，这就形成了一个表面主要由岩石组成的地球。

第二阶段为太古宙、元古宙时期，其距今约 42 亿年 ~5.4 亿年。地球不间断地向外释放能量，由高温岩浆不断喷发释放的水蒸气、二氧化碳等气体构成了非常稀薄的早期大气层——原始大气。随着原始大气中水蒸气的不断增多，越来越多的水蒸气凝结成小水滴，再汇聚成雨水落入地表，就这样形成了原始的海洋。

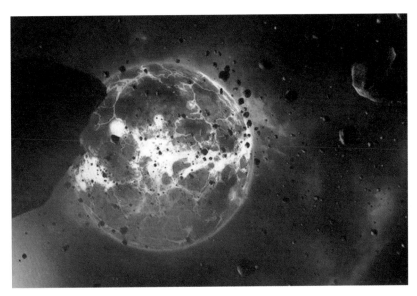

图 1　原始地球设想图

　　第三阶段为显生宙时期，时间为 5.4 亿年前至今。显生宙延续的时间相对短暂，但这一时期生物极其繁盛，地质演化十分迅速，地质作用丰富多彩，加之地质体遍布全球各地，因此可以极好地对其进行观察和研究，并建立起了地质学的基本理论和基础知识。

表 1　地球演化历史更迭

地质年代 / 地球及其圈层	冥古宙	太古宙	元古宙	显生宙
地球	地球形成，小行星冲击	壳、幔、核分离	中心核增长	层圈构造稳定
地壳	玄武质薄壳，局部岛弧	早期为玄武质薄壳与岛弧，晚期出现陆核	陆核扩大形成稳定古陆，中晚期形成超大陆	大陆经历了分裂 - 聚合 - 再分裂的历史
大气圈	早期 H、He，晚期 CO_2、H_2O	无游离 O_2，以 CO_2、H_2O 为主	O_2 进入大气圈并逐渐增加	O_2 增加，CO_2 减少
水圈	可能为分散的浅水盆地	水圈主体形成	水圈积累，形成大量灰岩和白云岩	水圈稳定接近现在水平
生物圈		自养生物、原核细胞生物、原始菌藻类	真核细胞生物，菌藻类繁盛	后生生物，各种植物、动物等

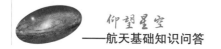
参考文献

[1] U.S.Geological Survey.Age of the Earth.1997.Archived from the original on 23 December 2005. Retrieved 2006-01-10.

[2] Dalrymple G B.The age of the Earth in the twentieth century：a problem （mostly） solved［J］. Geological Society London Special Publications，2001，190（1）：205-221.

[3] Borenstein，Seth （19 October 2015）.Hints of life on what was thought to be desolate early Earth. Excite.Yonkers，NY：Mindspark Interactive Network.Associated Press.Archived from the original on 23 October 2015.Retrieved 8 October 2018.

 相关链接

日心说

1543 年，波兰天文学家哥白尼在临终时发表了一部具有历史意义的著作——《天体运行论》，完整地提出了"日心说"理论。在这个理论体系中，太阳是行星系统的中心，一切行星都绕太阳旋转。

日心说把宇宙的中心从地球挪向太阳，哥白尼依据大量精确的观测材料，运用当时正在发展中的三角学的成就，分析了行星、太阳、地球之间的关系，计算了行星轨道的相对大小和倾角等，总结出一个比较和谐、有秩序的太阳系。这比起已经加到 80 余个圈的地心说，不仅在结构上优美和谐得多，而且计算简单。更重要的是，哥白尼的计算与实际观测资料能更好地吻合。

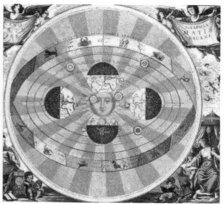

20 生命的诞生与进化

　　早期的地球并不是生命的伊甸园，没有清澈湛蓝的海水，也没有动物和植物，那么，生命是如何在地球上出现的呢？生命的起源真的与天外来物有关吗？

　　最早的生命究竟来自何方呢？ 100 多年来，科学家们已经很清楚地知道生命是一系列合适的成分以合适的数量交互作用的结果。构成生命的基本成分的"头号明星"是碳。

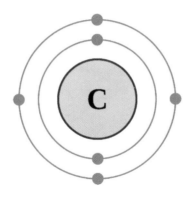

图 1　碳原子电子排布示意图

　　有一种观点认为，生命可能起源于碳和其他成分在早期地球苛刻条件下的结合。这一观点最早是由美国学者斯坦利·米勒在 20 世纪 50 年代进行验证的。为了在实验室中模拟早期地球的环境条件，米勒用试管和烧瓶组装了一个精巧的装置。他将一个烧瓶中注满空气，代表当时能被认可的地球早期大气，并且把这个烧瓶与另一个装有水的烧瓶连接，后一个烧瓶中的水代表海洋。接着，米勒给这个装置通电，用以模拟闪电通过早期地球大气层时的情况。几天后，烧瓶中突然出现了一些褐色、黏乎乎的物质。经过检测，米勒发现它们是氨基酸。

氨基酸是由碳与其他元素聚合而成的一种化合物，是构建蛋白质和细胞的基本成分，也是构成生物的重要成分。米勒的实验在当时引起了巨大的轰动。

如果将从地球产生到现在的时间尺度视为 24 小时，小行星和彗星对地球的轰炸大约从零点开始一直持续到了差不多凌晨 3 点半。实际上，随后轰炸力度减弱，但轰炸又持续了至少 1 亿年之久。即便在如此不稳定的时期，生命也在地球上找到了立足点。最近科学家在丹麦格陵兰西部地区发现的证据显示，生命可能早在大约 38 亿年前就已在地球上存在。

图 2　恐龙

在我们的地球上，曾经有很多生物种类出现后又消失了，虽然这是生物演化史中的必然阶段。但是像恐龙这样一个庞大的占统治地位的家族，为什么会突然之间就从地球上消失呢？这不能不引发我们的种种猜测。在 6500 万年前白垩纪末期的地球上究竟发生了什么，使得恐龙和另外一大批生物统统死去，科学家们对此一直争论不休。有的说是地球在 6500 万年前发生了地质上的造山运动，因为平地上长出许多高山来，沼泽便减少了，气候也变得不那么湿润温暖，而且冬天恐龙没有食物，所以就走向了灭绝。有的说是因为超新星爆发引起地球气候发生强烈变化，温度骤然升高后又降得很低的缘故。还有的说是恐龙吃了大量的有花植物，这些花中有很多毒素，恐龙又食量很大，所以中毒而死。

1980 年，美国科学家在 6500 万年前左右的地层中发现了高浓度的铱，其含量超过正常含量的几十甚至数百倍。这样浓度的铱在陨石中可以找到，因此，科学家们就把它与恐龙灭绝联系起来了。科学家根据铱的含量还推算出撞击物体是一颗直径约为 10 千米的小行星，而撞击产生的陨石坑直径超过 100 千米。对此科学工作者用了 10 年的时间，终于有了初步结果，他们在中美洲犹加敦半岛的地层中找到了这个大坑。据推算，这个坑的直径在 180~300 千米之间。

科学家们开始为我们描绘 6500 万年前那壮烈的一幕。有一天，恐龙们还在地球乐园中无忧无虑地尽情吃喝，突然天空中出现了一道刺眼的白光，一颗直径 10 千米相当于一座中等城市般大的巨石从天而降。那是一颗小行星，它以每秒 40 千米的速度一头撞进大海，在海底撞出一个巨大的深坑，海水被迅速汽化，蒸气向高空喷射达数万米，随即掀起高达 5 千米的海啸，并以极快的速度扩散，冲天大水横扫着陆地上的一切。那是一场可怕的灾难，陨石撞击地球产生了铺天盖地的灰尘，极地雪融化，植物毁灭，火山灰也充满天空。一时间暗无天日，气温骤降，大雨滂沱，山洪暴发，泥石流将恐龙卷走并埋葬起来。在以后的数月乃至数年里，天空依然尘烟翻滚，乌云密布，地球因终年不见阳光而进入低温期，苍茫大地一时间沉寂无声。生物史上的一个时代就这样结束了。

反观现在，我们看似生活在一个温暖舒适的地球上，殊不知当下的地球正处于第四次大冰期中，我们只是很幸运地处在本次冰期的间冰期。

所谓间冰期，就是两次小冰期之间相对温暖的时期。据科学探测，地球历史上曾发生过三次大冰期，有前寒武纪晚期大冰期、石炭纪大冰期、二叠纪大冰期。每次的大冰期都至少持续数百万至数千万年的时间，本次的大冰期也称为第四纪大冰期，大约是从 70 万年前开始的，到现在已经发生了 7 次小冰期，每次大约 9 万年，中间都有一次 1 万 ~2 万年的间冰期。

最近的一次小冰期在 1 万年前已结束，遗留在地球上的证据就是至今还未消融的两极冰川内遗留的猛犸象遗骸。所以说我们很幸运，至少我们是看不到

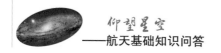
下一次的小冰期了，而以后的人们可能要为下一次小冰期的到来做好准备。

地球上为什么每隔两亿多年就会出现一次持续数千万年的大冰期呢？这个问题困扰了科学家很久，各种解释的观点都有。1831年，德国地质学家西辛格尔就提出第四纪冰期与地球的造山运动有关。简单地说就是造山运动使部分地势被抬高，从而增加了冰雪的厚度，致使全球的气温下降，从而出现冰期。造山运动一旦停止，山地受到侵蚀，高度下降，海水就会浸入大陆形成浅海，海水中储存的热量使气温升高，就出现了间冰期，如此循环反复。但人们很快发现地球上造山运动剧烈的时期与冰期的时间并不吻合。

还有一种观点说，冰期的形成与植物有关。当大气中的二氧化碳浓度较高时，温度就会显著升高，这种环境最适宜植物的生长，植物的大量繁殖又会消耗二氧化碳，温度下降之后，冰期出现。而冰期又会抑制植物的生长，二氧化碳浓度相应的增加，间冰期出现，如此循环反复。但这一说法同样存在时间上不吻合的缺陷。其他的观点例如尘幔说，认为冰期的形成与火山爆发出的火山灰遮蔽日光有关，都存在同样的问题。

目前最受拥护的说法是天文说。一是与太阳有关，该假说认为冰期的出现与地轴的倾斜、地球的颤动，以及地球本身是椭圆形有关。这些因素导致地表受热不均匀、围绕太阳旋转时有近日点和远日点的差别。但这一说法只能解释冰期和间冰期的交替，却不能解释大冰期的出现。

这就诞生了另一个大胆的假说，即冰期的出现与银河系有关。地球冰期的发生与太阳系通过银河旋臂的时间正好吻合，银河系是一条旋涡状星系，有四条旋臂，这些旋臂中的天体物质尘埃很密集，当太阳系通过其中时，太阳光就会被这些物质反射或者折射，到达地球的能量就有所减少，从而导致地球出现大冰期。

参考文献

［1］ 建毅.地球生命起源之谜：地球上最早的动物——海绵［J］.大自然探索，2002（10）：62-63.

［2］ 郑永春.彗星探测与生命起源之谜［J］.天文爱好者，2015（2）：46-47.

［3］ 许汉奎.地球生命起源之谜［J］.化石，2005（01）：18-19.

相关链接

恐龙灭绝原因的几种观点

（1）气候变迁说

6500万年前，地球气候陡然变化，气温大幅下降，造成大气含氧量下降，令恐龙无法生存。也有人认为，恐龙是冷血动物，身上没有毛或保暖器官，无法适应地球气温的下降，都被冻死了。

（2）火山爆发说

因为火山的爆发，二氧化碳大量喷出，造成地球急剧的温室效应，使得恐龙的食物死亡。而且，火山喷火使得盐素大量释出，臭氧层破裂，有害的紫外线照射地球表面，造成生物灭亡。

（3）造山运动说

在白垩纪末期发生的造山运动使得沼泽干涸，许多以沼泽为家的恐龙无法生活下去。因为气候变化，植物也改变了，草食性的恐龙不能适应新的食物，而相继灭绝。草食性恐龙灭绝，肉食性恐龙也失去了依持，结果也灭绝了。此灭绝过程持续了1000万~2000万年，终至恐龙在地球上绝迹。

（4）物种争斗说

恐龙时代末期，最初的小型哺乳类动物出现了，这些动物属啮齿类食肉动物，可能以恐龙蛋为食。由于这种小型动物缺乏天敌，越来越多，最终吃光了恐龙蛋。

（5）海洋潮退说

根据巴克的说法，海洋

潮退，陆地接壤时，生物彼此相接触，因而造成某种类的生物绝种。例如袋鼠，袋鼠能在澳洲岛屿大陆上生存，但在南美大陆上遇见一些其他种类的动物就宣告灭亡。除了这种吃与被吃的关系以外，还有疾病与寄生虫等的传染问题。

（6）物种老化说

认为由于繁荣期长达一亿数千万年，使得恐龙肉体过于巨大化。而且角和其他骨骼也出现异常发达的现象，因此在生活上产生极大的不便，终于导致绝种。

21 地球概况

地球是太阳系八大行星之一，它有一个天然卫星——月球，二者组成一个天体系统——地月系统。

地球自西向东自转，同时围绕太阳公转。地球自转与公转运动的结合产生了地球上的昼夜交替和四季变化。地球自转的线速度是不均匀的。同时，由于日、月、行星的引力作用以及大气、海洋和地球内部物质的各种作用，使得地球自转轴在空间和地球本体内的方向都要产生变化。地球自转产生的惯性离心力使得球形的地球由两极向赤道逐渐膨胀，成为目前略扁的旋转椭球体，极半径比赤道半径约短 21 千米。

地球可以看作由一系列的同心层组成。地球内部有核、幔、壳结构，地球外部有水圈、大气圈和磁场。

月球是地球唯一的天然卫星，是离地球最近的天体。月球环绕地球作椭圆运动，并伴随地球绕太阳公转。月地平均距离约 384401 千米，月球轨道（白道）对地球轨道（黄道）的平均倾角为 $5°09'$。月球绕地球转动的周期，朔望月 29.53059 日；恒星月 27.32166 日。

月面上山岭起伏，有洋、海、湾、湖等各种名称。其实月面上并没有水。环形山是碗状凹坑结构，直径大于 1 千米的环形山有 33000 多个，许多环形山的中央有中央峰或峰群。肉眼所看到的月面上的黯淡黑斑叫月海，是广阔的平原。月海有 22 个，最大的是风暴洋，面积 500 万平方千米。由于月球上没有大气，再加上月面物质的热容量和导热率又很低，因而月球表面昼夜的温差很大。

地球的基本概况

年龄：约 46 亿岁。

公转周期：约 365 天。

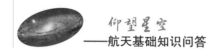

公转轨道：呈椭圆形。7 月初为远日点，1 月初为近日点。

自转周期：恒星日，约 23 小时 56 分 4 秒；太阳日，24 小时。

自转方向：自西向东。黄赤交角：23°26′。

赤道半径：是从地心到赤道的距离，大约 6378 千米。

平均半径：大约 6371.3 千米（地心到地球表面所有各点距离的平均值）。

体积：10832 亿立方千米。

质量：约 5.9742×10^{21} 吨。

地球表面积：5.1 亿平方千米。

海洋面积：3.61 亿平方千米。

大气：主要成分为氮（约 78.5%）和氧（约 21.5%）。

地壳：主要成分为氧（47%）、硅（28%）和铝（8%）。

由化学组成成分及地震特性来看，地球本体可以分成一些层圈，它们的名称与范围（深度，单位为千米）：0~40 地壳，40~2890 地幔，2890~5150 外地核，5150~6378 内地核。

地球表面积 71% 为水所覆盖，地球是太阳系唯一在表面拥有液态水的行星。

图 1　航天员拍摄的地球夜景

地球绕地轴的旋转运动，叫做地球的自转。地轴的空间位置基本上是稳定的。它的北端始终指向北极星附近，地球自转的方向是自西向东；从北极上空看，呈逆时针方向旋转。地球自转一周的时间，约为 23 小时 56 分 4 秒，这个时间称为恒星日；然而在地球上，我们感受到的一天是 24 小时，这是因为我们选取的参照物是太阳。由于地球自转的同时也在公转，这 4 分钟的差距正是地球自转和公转叠加的结果。天文学上把我们感受到的一天 24 小时称为太阳日。地球自转产生了昼夜更替。昼夜更替使地球表面的温度不至于太高或太低，适合人类生存。

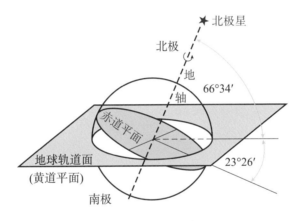

图 2 地球轨道面示意图

参考文献

[1] 蒋馨瑶.中国少年儿童百科全书.地球·海洋[M].长春：北方妇女儿童出版社，2010.

[2] 曹宪云.第八讲世界地理概况（大洲，大洋，居民和国家，世界政治经济格局）[J].中学政史地：高中地理，2004（9）：11-15.

[3] 张国栋，李致森.宇宙中的地球[M].北京：科学普及出版社，1987.

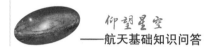

22 人类是如何逐步认识到地球是球形的?

几千年来，人类对自己生存的大地一直抱有极大的兴趣。古代中国曾有"天圆地方"说，西亚人则认为大地是漂浮在海洋上的半球，古希腊人最初将它想象成一个扁平的圆盘。公元前6世纪，古希腊数学家毕达哥拉斯第一次提出地球这一概念。约公元前3世纪，生活在亚历山大的科学家埃拉托色尼用几何学方法确立了地球的概念。公元2世纪，希腊地理学家托勒密在他的《天文学大成》中也把地球说成是一个球形。这些都是人类认识地球的重要成果，但只是一些数学推论和理论论证。

文艺复兴时期，人文主义者发现了古希腊的这些学说，当时已有不少人相信地球是球形，尤其是开辟新航路的探险家们都怀着这样的信念。1519年~1522年，葡萄牙人麦哲伦的船队完成了人类历史上第一次环球航行，它以无可辩驳的事实向全人类证明了地球是球形的说法。这对科学的发展和人类对宇宙认识的提高都具有重大意义。

大航海时代的哥伦布和麦哲伦的航海发现，以及我国明朝的郑和下西洋，都为人类认识地球作出了很大的贡献。

图1 托勒密的《天文学大成》

麦哲伦是地圆说的信奉者，他在1517年就向葡萄牙国王提出了环球航行计划，但是没有得到支持。而西班牙国王为了获得更多财富，正想向海外发展，因此支持麦哲伦进行航海探险，并为麦哲伦装备远航探险船队。麦哲伦的探险船队由5艘远洋帆船、200多名船员组成，旗舰"特里尼达"号排水量110吨，其他3艘不足百吨。

1519 年 9 月 20 日，麦哲伦探险船队驶离了西班牙。探险船队的 5 艘远洋海船在大西洋的惊涛骇浪中航行。11 月 19 日，探险船队利用东北季风和赤道海流，沿非洲西海岸南下。当船队行驶到佛得角群岛时，转向西行，横渡大西洋，到达南美洲巴西海岸。麦哲伦探险船队沿着南美海岸南下，航行了4 个月。1520 年 3 月 31 日，探险船队发现一个平静的港湾，麦哲伦把它命名为"圣胡利安港"，船队驶入港湾，准备在这里过冬。

图 2　麦哲伦

麦哲伦探险船队在"圣胡利安港"度过了一个冬天。1520 年 5 月中旬，为了找到通往太平洋的航线，麦哲伦派出一艘远洋帆船向南航行，探索航路，但不慎触礁受损。因此当麦哲伦探险船队再次扬帆起航时只剩下 4 艘远洋帆船。

1520 年 10 月 21 日，探险船队沿着南美洲海岸向南航行，发现了一条通往太平洋的海峡。海峡两岸峭壁林立，风急浪高。船队冲向海峡，驶入一个比较宽阔的海港，穿过海港向前航行，又发现一条海峡，在海峡外又有一个宽阔的海港。麦哲伦船队向南航行几天，接连穿过几个海港，发现两条水道，一条朝东南，另一条朝西南。麦哲伦让"圣安东尼奥"号和一艘海船向东南航行，他自己乘坐的旗舰"特里尼达"号带领另一艘海船向西南航行。结果，朝西南航行的海船发现了一个海角和一片海洋。在旗舰"特里尼达"号上的麦哲伦高兴得掉下眼泪，并把这个海角命名为希望角。而向东南航行的"圣安东尼奥"号却走进了死胡同，在返回途中又找不到船队，"圣安东尼奥"号上的主舵手乘机哗变，驾驶帆船返回西班牙。

麦哲伦船队只剩 3 艘帆船继续在海峡里航行。麦哲伦以顽强的意志，指挥船员们与风浪作斗争。经过 28 天苦斗，在 1520 年 11 月 28 日，船队终于走到水道的尽头，前面是一片浩瀚的海洋。这表明船已通过海峡，进入了太

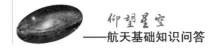

平洋。后人为纪念麦哲伦，把这条海峡称为麦哲伦海峡。

麦哲伦死后，他手下的人继续了麦哲伦未完成的航程，船队于 1521 年 11 月 8 日驶入马鲁古群岛，船员们与当地人交换货物。12 月 21 日，"维多利亚"号满载香料，离开了马鲁古群岛，而麦哲伦船队的旗舰"特里尼达"号因为船体漏水，无法继续航行。

"维多利亚"号渡过印度洋，绕过好望角，越过佛得角群岛，于 1522 年 9 月 6 日，回到了西班牙，完成了人类首次环球航行。麦哲伦船队的 5 艘远洋帆船只剩下"维多利亚"号，出发时的 200 多名船员只剩下 18 名船员返回。麦哲伦船队以巨大的代价获得环球航行成功，证明了地球是圆球形的，世界各地的海洋是连成一体的。

参考文献

［1］ 李琦，吴少岩．数字地球：人类认识地球的第三次飞跃［M］．北京：北京大学出版社，1999.

［2］ 黄道立．麦哲伦［M］．北京：商务印书馆，1980.

［3］ 谭一寰．世界航海家的故事［M］．沈阳：辽宁人民出版社，1982.

23 地球有哪些板块构造？

地球的形成过程起始于一团巨大的"云"，这些云由灰尘、气体等基本物质组成，它们在高速旋转中互相碰撞、粘结，最终聚积形成了行星。由于频繁、高速的碰撞，聚积过程产生了巨大的热量，形成了熔融状态的早期地球，科学家们称之为岩浆海，其深度可达数百千米。受重力影响，重金属元素，如铁（Fe）、镍（Ni）等下沉形成地核，而较轻的成岩元素上浮形成地壳。这一过程致使地球分异成数层同心球状的圈层，每一层都具有不同的密度和成分，正是这种分层结构控制了今天地球大尺度的构造。

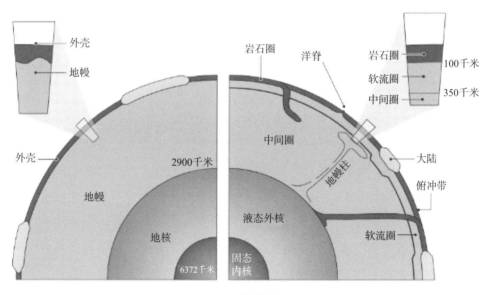

图 1　地球剖面

固体地球上层在垂向上可分为物理性质截然不同的两个圈层，即上部具有一定刚性的岩石圈和下部略具塑性的软流圈。岩石圈包括地壳和一小部分上地幔，厚度不一，约在几十千米至 200 千米。软流圈大体相当于上地幔低速层，或电导率较高的高导层（低阻层），介质品质因素值（与地震波衰减

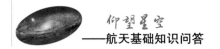

程度成反比）较低，表明其物质较热、较轻、较软，具有一定塑性。存在着可以缓慢蠕动的软流圈，是上覆岩石圈发生大规模运动的基本前提。板块是指由地震带所分割的内部地震活动较弱的岩石圈单元。由于板块的横向尺度比厚度大得多，故得名。狭长而连续的地震带勾划出了板块的轮廓，它是板块划分的首要标志。

1912 年，德国人魏格纳首先提出了大陆漂移说。1960~1962 年期间，美国人赫斯、迪茨在大陆漂移和地幔对流说的基础上创立海底扩张说，随后瓦因和英国人马修斯等通过海底磁异常的研究对海底扩张说作了进一步论证。1965 年加拿大人威尔逊建立转换断层概念，并首先指出，连绵不绝的活动带网络将地球表层划分为若干刚性板块。

1967~1968 年期间，美国人摩根、麦肯齐、帕克与法国人勒皮雄将转换断层概念外延到球面上，定量地论述了板块运动，确立了板块构造说的基本原理。1968 年，美国人艾萨克斯、奥利弗和赛克斯进一步阐述了地震与板块活动之间的联系，并将这一新兴理论称作"新全球构造"。现今常用的术语"板块构造"，是麦肯齐和摩根在 1969 年提出的。20 世纪 70 年代以来，板块构造学说逐步渗透到地球科学的许多领域。

板块构造学说是在大陆漂移学说和海底扩张学说的理论基础上，又根据大量的海洋地质、地球物理、海底地貌等资料，经过综合分析而提出的学说。因此有人把大陆漂移说、海底扩张说和板块构造说称为全球大地构造理论发展的三部曲。板块构造学说是近代最盛行的全球构造理论。这个学说认为地球的岩石圈不是一个整体，而是被分割成许多构造单元，这些构造单元叫做板块。全球的岩石圈分为亚欧板块（又译"欧亚板块"）、非洲板块、美洲板块、太平洋板块、印度洋板块和南极洲板块，共六大板块。其中太平洋板块几乎完全是在海洋上，其余五大板块都包括有大块陆地和大面积海洋。大板块还可划分成若干次一级的小板块。

根据地震带的分布及其他标志，人们进一步划分出纳斯卡板块、科科斯板块、加勒比板块、菲律宾海板块等次一级板块。板块的划分并不遵循海陆界线（海岸线），也不一定与大陆地壳、大洋地壳之间的分界有关。大多数板块包括大陆和洋底两部分。太平洋板块是唯一基本上由洋底岩石圈构成的大板块。

这些板块漂浮在"软流层"之上，处于不断运动之中。一般说来，板块内部的地壳比较稳定，板块与板块之间的交界处，是地壳比较活跃的地带，地壳不稳定。地球表面的基本面貌，是由板块相对移动而发生的彼此碰撞和张裂而形成的。在板块张裂的地区，常形成裂谷和海洋，如东非大裂谷、大西洋就是这样形成的。在板块相撞挤压的地区，常形成山脉。当大洋板块和大陆板块相撞时，大洋板块因密度大、位置较低，便俯冲到大陆板块之下，这里往往形成海沟，成为海洋最深的地方；大陆板块受挤上拱，隆起成岛弧和海岸山脉。太平洋西部的深海沟和岛弧链，就是太平洋板块与亚欧板块相撞形成的。在两个大陆板块相碰撞处，常形成巨大的山脉。喜马拉雅山就是在印度洋板块和亚欧板块碰撞过程中产生的。

参考文献

［1］ 任纪舜,徐芹芹,赵磊,等.从地槽—地台说、板块构造说到地球系统多圈层构造观[J].地质论评,2017（5）.

［2］ 尹赞勋.板块构造说的发生与发展［J］.地质科学,1978,13（2）：99-112.

［3］ 柴东浩,陈廷愚.新地球观——从大陆漂移到板块构造［M］.太原：山西科学技术出版社,2000.

［4］ 吕丰强,杨恒书,顾清月,等.论古特提斯洋的海陆变迁［C］.2015年全国沉积学大会.

 相关链接

大陆漂移说

大陆漂移假说是解释地壳运动和海陆分布、演变的学说。大陆彼此之间以及大陆相对于大洋盆地间的大规模水平运动，称大陆漂移。大陆漂移假说认为，地球上所有大陆在中生代以前曾经是统一的巨大陆块，称之为泛大陆或联合古陆，中生代开始分裂并漂移，

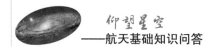

逐渐达到现在的位置。大陆漂移的动力机制与地球自转的两种分力有关：向西漂移的潮汐力和指向赤道的离极力。较轻硅铝质的大陆块漂浮在较重的黏性的硅镁层之上，由于潮汐力和离极力的作用使泛大陆破裂并与硅镁层分离，而向西、向赤道作大规模水平漂移。

1620 年，英国人弗兰西斯·培根提出了西半球曾经与欧洲和非洲连接的可能性。1668 年，法国人普拉赛认为在大洪水以前，美洲与地球的其他部分不是分开的。到 19 世纪末，奥地利地质学家修斯（Eduard Suess，1831 年~1914 年）注意到南半球各大陆上的岩层非常一致，因而将它们拟合成一个单一大陆，称之为冈瓦纳古陆。1912 年，阿尔弗雷德·魏格纳正式提出了大陆漂移假说，并在 1915 年发表的《海陆的起源》一书中作了论证。由于当时不能更好地解释漂移的机制问题，曾受到地球物理学家的反对。20 世纪 50 年代中期至 60 年代，随着古地磁与地震学、宇航观测的发展，一度沉寂的大陆漂移假说获得了新生，并为板块构造学的发展奠定了基础。

24 地球上有哪些地质灾害?

地质灾害简称地灾，是以地质动力活动或地质环境异常变化为主要成因的自然灾害。地质灾害是指在地球内动力、外动力或人为地质动力作用下，地球发生异常能量释放、物质运动、岩土体变形位移以及环境异常变化等，危害人类生命财产、生活与经济活动或破坏人类赖以生存与发展的资源、环境的现象或过程。《地质灾害防治条例》中地质灾害是指包括自然因素或者人为活动引发的危害人民生命和财产安全的山体崩塌、滑坡、泥石流、地面坍塌、地裂缝、地面沉降等与地质作用有关的灾害。

地质灾害的分类，有不同的角度与标准，十分复杂。就其成因而论，主要由自然变异导致的地质灾害称自然地质灾害；主要由人为作用诱发的地质灾害则称人为地质灾害。就地质环境或地质体变化的速度而言，可分突发性地质灾害与缓变性地质灾害两大类。前者如崩塌、滑坡、泥石流等，即习惯上的狭义地质灾害；后者如水土流失、土地沙漠化等，又称环境地质灾害。根据地质灾害发生区的地理或地貌特征，可分为山地地质灾害，如崩塌、滑坡、泥石流等，平原地质灾害，如地质沉降等。

滑坡灾害是指斜坡上的岩体由于某种原因在重力的作用下沿着一定的软弱面或软弱带整体向下滑动的现象，是自然和人类活动造成的地质环境恶化，直接或间接危害人类安全，并给社会和经济建设造成一定损失的斜坡变形破坏乃至整体移动事件。影响因素常见的有河流冲刷、降雨、地震、采矿、人工切坡等。其特征是土层或岩层整体或分散地顺斜坡向下滑动。滑坡也叫地滑，还有"垮山""山剥皮"等俗称。

泥石流是指在降水、溃坝或冰雪融化形成的地面流水作用下，在沟谷或山坡上产生的一种携带大量泥沙、石块等固体物质的特殊洪流。俗称"走蛟""蛟龙"等。泥石流往往随山洪突然暴发，浑浊的流体随着陡峻的山沟前推后拥、

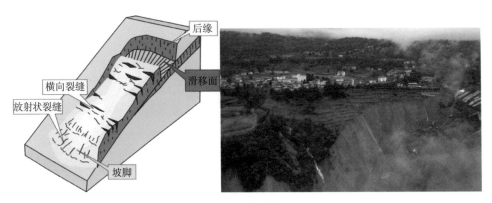

图1 滑坡灾害

奔腾咆哮而下，地面为之震动，山谷犹如雷鸣，在短时间内将大量泥沙石块冲出沟外，在宽阔的堆积区横冲直撞、漫流堆积，常常给人生命财产造成很大的危害。

泥石流形成必备的三个条件为：松散的物源（土石）、可以携带松散物源的水和一定纵坡降的沟谷。泥石流的识别：中游沟身长不对称，参差不齐；沟槽中构成跌水；形成多级阶地等。已经发生过泥石流的沟谷，今后仍有发生泥石流的危险。

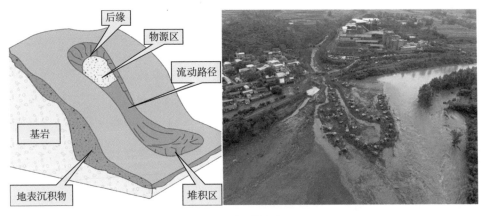

图2 泥石流灾害

地面坍塌是地表岩土体在自然或人为因素作用下向下陷落并在地面形成塌陷坑（洞）的一种动力地质现象。常见的类型有岩溶塌陷和采空塌陷两种。

通常由于地下水动力条件改变而形成岩溶塌陷，由于采矿而形成采空塌陷。地面沉降指在自然因素和人为因素下形成的地表垂直下降现象；地裂缝有地震裂缝、构造裂缝和因为滑塌形成的地面裂缝。

图3　地面坍塌现象

地震指地壳在内、外应力作用下，集聚的构造应力突然释数，产生震动弹性波，从震源向四周传播引起的地面颤动，即地下岩石长期受到构造作用，积累了大量的能量，当大范围地层的岩石断裂或断层错动时，能量全部或部分释放，就产生了地震。它发源于地下某一深处，该处称为震源。震动从震源传出，在地球中传播，震源垂直投影在地面上的点称为震中。地面上受地震影响的任何一点到震中的距离，称震中距。地震破坏程度最大的区域称为震中区。地震在地面上波及的地区称为震域。

火山喷发是岩浆及气体、碎屑物质沿地壳薄弱地带喷出地表形成。火山灰和熔岩流破坏田园、建筑，有时还会引起地震及气候异常。

图4　地震灾害（左）与火山喷发现象（右）

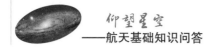

参考文献

[1] 陈祥军, 王景春. 地质灾害防治 [J]. 中国减灾, 2011 (4).

[2] 国土资源部地质环境司, 国土资源部政策法规司. 地质灾害防治条例释义 [M]. 北京: 中国大地出版社, 2004.

[3] 凌正夫, 朱照军, 徐永洋, 等. 自然灾害监测预警方法与系统: CN102542732A [P]. 2012-07-04.

[4] 郝玉林. 公路地质灾害与防治 [J]. 科技创新导报, 2013 (001): 126.

 相关链接

地震灾害与地动仪

地震常常造成严重人员伤亡, 能引起火灾、水灾、有毒气体泄漏、细菌及放射性物质扩散, 还可能造成海啸、滑坡、崩塌、地裂缝等次生灾害。

根据地震产生的原因, 地震可分为: ①人工地震, 如爆破作用引起的与地震相似的现象; ②诱发地震, 如水库蓄水时在附近的断层中引起的地震; ③天然地震, 如构造地震、火山地震、塌陷地震等。据地震的强度来分, 将地震分为 10 级。5 级以上的地震称为破坏性地震。

据统计, 地球上每年约发生 500 多万次地震, 即每天要发生上万次的地震。其中绝大多数太小或太远, 以至于人们感觉不到, 真正能对人类造成严重危害的地震大约有一二十次, 能造成特别严重灾害的地震大约有一两次。人

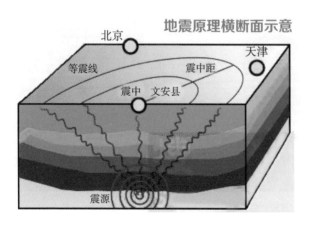

地震原理横断面示意

们感觉不到的地震，必须用地震仪才能记录下来，不同类型的地震仪能记录不同强度、不同远近的地震。世界上运转着数以千计的各种地震仪，日夜监测着地震的动向。

当前的科技水平尚无法预测地震的到来，未来相当长的一段时间内，地震也是无法预测的。所谓成功预测地震的例子，基本都是巧合。对于地震，我们更应该做的是提高建筑抗震等级、做好防御。

我们祖先制造了一种机械装置——地动仪，能够判断地震的方位。地动仪是中国汉朝东汉科学家张衡创造的传世杰作。张衡所处的汉朝东汉时代，地震比较频繁。张衡对地震有不少亲身体验，为了掌握全国地震动态，他经过长年研究，终于在阳嘉元年（公元 132 年）发明了候风地动仪，这也是世界上的第一架地动仪。

地动仪有八个方位，他们分别是东、南、西、北、东南、西南、东北、西北，每个方位上均有口含龙珠的龙头，在每个龙头的下方都有一只蟾蜍与其对应。任何一方如有地震发生，该方向龙口所含龙珠即落入蟾蜍口中，由此便可测出发生地震的方向。

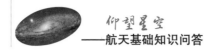

25 地球上有哪些奇异现象?

地球上存在着许多目前科学尚且无法解释清楚的事情。大部分（至少某种程度上）仍然是个谜，但终有一天，我们会发现那些重大事件背后的真相，以目前探索地球奥秘的速度来看，还需要一亿年左右我们才可以揭开地球的神秘面纱。在这些事情中，被人们议论最多的是不明飞行物、百慕大三角区、南极"无雪干谷"、麦田怪圈、复活节岛石像、能"报时"的怪石、海市蜃楼和幻日现象，它们被称为世界八大奇异现象。

不明飞行物是指未经查明来历的空中飞行物，其英文简称为 UFO，据目击者报告，其外形多呈圆盘状（碟状）、球状和雪茄状，在空中高速或缓慢移动。肯定论者认为，不明飞行物是一种真实现象。但持否定态度的科学家认为，很多目击报告不可信，不明飞行物并不存在，只不过是人的幻觉或者目击者对自然现象的一种曲解。

图1　不明飞行物

百慕大三角区位于北大西洋西部，是由7个大岛和大约150个小岛以及一些礁群组成的群岛，是一个三角形海域。许多年来，发生了很多起超自然现象，比如经过此处的船和飞机会突然遇上大风暴，然后失去信号，最后莫名其妙地失踪，无人知晓它们去向何处。在这里先进仪器会失灵，人员一旦遇险则无法生还。有科学家提出，在地震、风暴、火山爆发等自然灾害发生的同时，会产生人耳无法听到、但具有巨大破坏力的次声波。处在振荡频率为7赫兹的环境中时，人的心脏和神经系统会陷入瘫痪。次声波可能就是导致这里惨剧频发的罪魁祸首。

在南极洲麦克默多湾的东北部，有三个相连的"无雪干谷"。这段谷地周围是被冰雪覆盖的山岭，但谷地中却异常干燥，到处都是岩石和一堆堆海豹等海兽的骨骼残骸。一些科学家认为，有些海豹在海岸上迷失了方向，最后因为缺少饮用水，力气耗尽而没能爬出谷地，变成了一堆堆白骨。

图2　南极"无雪干谷"

麦田怪圈，是指在麦田或其它田地上，通过某种未知力量把农作物压平而产生出来的几何图案。怪圈中植物的"平顺倒塌"方式以及植物茎节点的烧焦痕迹，并不是人力所能做到的，至今也无法解释何种设备或做法能够形成该现象。

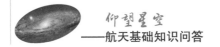

复活节岛是智利的一个小岛。一提起复活节岛，人们首先会想到的是那矗立在岛上的600多尊巨人石像。复活节岛上的石像均由整块的暗红色火成岩雕凿而成，一般高7~10米，重达30~90吨。当时的人们是如何搬运这些石像的，至今仍是个谜。

图3　复活节岛石像

在澳大利亚中部阿利斯西南的茫茫沙漠中有一块能"报时"的奇石。屹立在沙漠中的这块怪石高达348米，周长约8000米，仅其露在地面上的部分就可能有几亿吨重。这块怪石每天很有规律地改变颜色：早晨，旭日东升的时候，它为棕色；中午，烈日当空的时候，它为灰蓝色；傍晚，夕阳西沉的时候，它为红色。怪石除了随太阳光强度不同而改变颜色外，还会随着太阳光照射角度的变化而变幻形象。

图4　能"报时"的怪石

平静的海面、大江江面、湖面、雪原、沙漠或戈壁等地方，偶尔会在空中或"地下"出现高大楼台、城郭、树木等幻景，称为海市蜃楼。我国山东蓬莱海面上常出现这种幻景。海市蜃楼是光线在垂直方向密度不同的气层中，经过折射造成的结果。海市蜃楼的种类很多，根据它出现的位置相对于原物的方位，可以分为上蜃、下蜃和侧蜃；根据它与原物的对称关系，可以分为正蜃、侧蜃、顺蜃和反蜃；根据颜色可以分为彩色蜃景和非彩色蜃景；等等。

图5 海市蜃楼（左）与幻日现象（右）

　　三个太阳同时出现的现象叫幻日。这是一种光学现象，是特殊的日晕。在南北极地区，寒冷而又洁净的天空里，往往可以出现一串假日排列在太阳周围的日晕弧线上，极为壮观。幻日是大气的一种光学现象。在天空出现的半透明薄云里面，有许多飘浮在空中的六角形柱状的冰晶体，偶尔它们会整整齐齐地垂直排列在空中。当太阳光射在这一根根六角形冰柱上，就会发生非常规律的折射现象。2012年7月5日，浙江嘉兴的天空中出现了"两个太阳"，2012年12月10日，上海出现"三个太阳"，即为幻日现象。

参考文献

[1]　日本NHK公司.地球奇观［M］.厦门：厦门音像出版社，1998.
[2]　姜忠喆.地球奇观的密码［M］.长春：北方妇女儿童出版社，2012.
[3]　崔钟雷.绝美的地球奇观胜景［M］.沈阳：万卷出版公司，2011.
[4]　戴维·别洛，高瑞雪.全球十大污染地［J］.环球科学，2014（001）：18.
[5]　青青姐姐.世界上最古怪的生物书［M］.北京：化学工业出版社，2012.

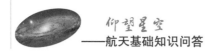

相关链接

火瀑布

火瀑布是指在落日余晖的映照下，610米高的瀑布闪着橘红色的光芒，如同火山岩浆沿着山崖喷泻而下，这就是最著名的自然奇观之一"火瀑布"，只有在美国的约赛米蒂国家公园的马尾瀑布才能看到。

它是特定角度的阳光照射在瀑布上形成的光学效果，这一景观只在每年2月末的两个星期内有一定概率可以看见。

火瀑布的照片极为难得，许多摄影师经常花好几年才能得到一张图片。

其高难度的拍摄原因有二：

1）瀑布的形成。瀑布以酋长岩上的雪山融水为源，而酋长岩上的雪一般在每年1月融化。到2月底的时候，瀑布很可能已经水尽瀑亡了。

2）太阳的角度。阳光必须完全覆盖在瀑布上，这个角度的太阳只在2月出现，然而不幸的是，这恰好也是约塞米蒂国家公园天气最无常的月份，但凡天上有云，"火瀑布"就变成"水瀑布"了。

26 地球的季节更替和气候变化

地球自转产生了昼夜交替的现象，朝着太阳的一面是白天，背着太阳的一面是夜晚。当我们中国这里是白天的时候，处在地球另一侧的美国正好是夜晚。地球自转的方向是自西向东的，所以我们看到日月星辰从东方升起逐渐向西方降落。

地球不但自转，同时也围绕太阳公转。地球公转的轨道是椭圆的，公转轨道的半长径约为 1.5×10^8 千米，轨道的偏心率为约 0.0167，公转一周为一年，公转平均速度约为每秒 29.79 千米，公转轨道面与赤道面的交角约为 $23°26'$，且存在周期性变化。

地球自转和公转运动的结合产生了地球上的昼夜交替、四季变化和五带（热带、南北温带和南北寒带）的区分。

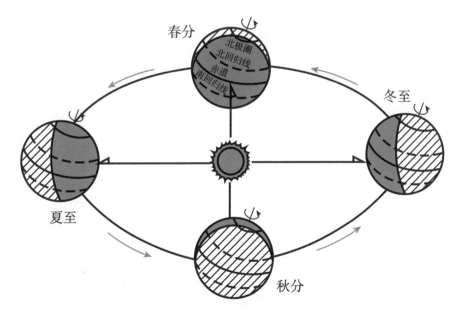

图 1　地球四季交替示意图（北半球）

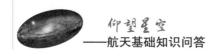
由于地球自转轴与公转轨道平面斜交成约66°34′的倾角，因此，在地球绕太阳公转的一年中，有时地球北半球倾向太阳，有时南半球倾向太阳。在公转的不同时段地球离太阳的远近不同。而且由于夹角的存在导致在不同的时间段地球南北所受太阳照射的强度和太阳光线的角度也不同（太阳光线照射角度小的热量就小），太阳的直射点总是在南北回归线之间移动，于是产生了昼夜长短的变化和四季的交替。同样的道理由于赤道附近总是处于太阳光线的直射状态下所以热带地区只有夏季。还有地球两极也因为同样的原因出现极昼和极夜的现象。

在天文学中，四季分别以春分、夏至、秋分、冬至开始，但这样划分的季节，不能完全反映出各个地方每个季节的物候征。因此，我们祖先把一年分为24节气，每一节气又分成3候（5天为一候）。还常用候平均气温来划分四季：候平均气温低于10摄氏度为冬季；高于22摄氏度时为夏季；平均气温在10~22摄氏度时为春、秋季。

地球自转是地球的一种重要运动形式，自转的平均角速度为每秒4.167×10^{-3}度，在地球赤道上的自转线速度为每秒465米。地球自转一周耗时23小时56分4秒，约每隔10年自转周期会增加或者减少0.003~0.004秒。

参考文献

[1] 王刚.地球自转和公转引出的运动方向[J].中学地理教学参考，1999（Z2）：93-94.

[2] 王永民，黄先辉.气候的形成与变化[J].高中生地理，2005（004）：14-15.

[3] 王德坤.四季更替变化，不是地球公转导致[J].科技风，2015（013）：206.

[4] 杨新兴.地球气候变化及其主要原因[J].前沿科学，2017.

全球气候变化变化趋势

在地质历史上，地球的气候发生过显著的变化。一万年前，最后一次小冰期结束，地球的气候相对稳定在当前人类习以为常的状态。地球的温度是由太阳辐射照到地球表面的速率和吸热后的地球将红外辐射线散发到空间的速率决定的。从长期来看，地球从太阳吸收的能量必须同地球及大气层向外散发的辐射能相平衡。大气中的水蒸气、二氧化碳和其他微量气体，如甲烷、臭氧、氟利昂等，可以使太阳的短波辐射几乎无衰减地通过，但却可以吸收地球的长波辐射。因此，这类气体有类似温室的效应，被称为"温室气体"。温室气体吸收长波辐射并再反射回地球，从而减少向外层空间的能量净排放，大气层和地球表面将变得热起来，这就是"温室效应"。大气中能产生温室效应的气体已经发现近30种，其中二氧化碳起重要的作用，甲烷、氟利昂和氧化亚氮也起相当重要的作用。从长期气候数据比较来看，在气温和二氧化碳之间存在显著的相关关系。国际社会所讨论的气候变化问题，主要是指温室气体增加产生的气候变暖问题。

表1　主要温室气体及其特征

气体	大气中浓度 / ppm	年增长 /%	生存期 / 年	温室效应（CO_2=1）	现有贡献率 /%	主要来源
CO_2	355	0.4	50~200	1	55	煤、石油、天然气、森林砍伐
CFC	0.00085	2.2	50~102	3400~15000	24	发泡剂、气溶胶、制冷剂、清洗剂
甲烷	1.714	0.8	12~17	11	15	湿地、稻田、化石、燃料、牲畜
NOX	0.31	0.25	120	270	6	化石燃料、化肥、森林砍伐

本世纪以来所进行的一些科学观测表明，大气中各种温室气体的浓度都在增加。1750年之前，大气中二氧化碳含量基本维持在280ppm。工业革命后，随着人类活动，特别是消耗的化石燃料（煤炭、石油等）的不断增长和森林植被的大量破坏，人为排放的二氧化碳等温室气体不断增长，大气中二氧化碳含量逐渐上升，每年大约上升1.8ppm（约0.4%）。从测量结果来看，大气中二氧化

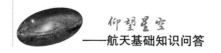
碳的增加部分约等于人为排放量的一半。按照政府间气候变化小组（IPCC）的评估，在过去一个世纪里，全球表面平均温度已经上升了 0.3~0.6 摄氏度，全球海平面上升了 10~25 厘米。许多学者预测，到下世纪中叶，世界能源消费的格局若不发生根本性变化，大气中二氧化碳的浓度将达到 560ppm，地球平均温度将有较大幅度的升高。依据各种计算机模型的预测，如果二氧化碳浓度从工业革命前的 280ppm 增加到 560ppm，全球平均温度可能上升 1.5~4 摄氏度。

27 我们可以挖个洞到地球那边去吗?

地球是我们人类赖以生存的唯一家园,因为至今为止还没有完全确认另一个我们能够到达的宜居星球。随着科技进步,人类的飞行器最远已经在外太空飞到距离地球200多亿千米的地方了。但是人类对地球的研究,这么多年来未有太大的进展。很多人都想过,我们能不能挖一个穿过地球的隧道呢?如果真的可以修建一个洞穿地球的隧道,开发成新式的交通工具,我们出国旅行就更快了。那么,人类可以实现这个计划吗?

图1 地球内核

答案是不能。现在不能,相信短时间内也不可能。其实在地球上挖洞并不是没人做过这种事。1957年,美国人就提出要在太平洋挖一个深井,并实施了"莫霍计划"。

而因为当时冷战时期的世界格局原因,苏联人看见美国人这样,打算挖一个比他们深得多的洞,这样也能显示出他们比美国强。1970年,正值列宁100周年诞辰,苏联人想展现他们挖洞的技术。在挖至7000米深之前都没出现任何问题,但随后就挖到了脆弱的岩层,发生了坍塌,钻头也给卡住了。

然而经过苏联人的努力，最终还是在9年后挖到了9584米深，正式超越美国的打洞纪录。这个时候，钻头和钻杆都有200多吨重了。因为各种原因，钻杆还几次被拧成了麻花。又挖了4年，苏联人更是把这个洞挖到了12262米，而且并不打算停下来，准备朝着15000米深度继续挖，结果因为温度太高，不得不终止了。

虽说凭借现在的技术，要挖一个12000米的洞没有太大问题，但这件事根本没有意义。因为地球分为地壳、地幔、地核几部分，即使是最薄的部分——地壳，也有33000米厚。当初苏联人挖了十几年，还没有把地壳的一半挖穿，更是不到地球直径的1%。

即使人类发扬愚公移山精神，用几十代人的时间来挖，也不可能把地球挖穿。原因是地球内部的超高压导致物质呈流体状，即便人类有能力挖穿地球，也无法使其保持洞壁成型，地球内部物质会在极高压力下流动并把洞口封闭起来，无法保持洞的形状。

到目前为止，人类还没有材料可以抵挡这种压力，地心的压力达到数百万个大气压，接近原子弹爆炸的压力。

另一个障碍是地球内部5000摄氏度以上的高温，所有材料在这个温度下，都呈流体形态，如果不能保持固体形状，洞就没法再挖下去了。

图2　冷战时期苏联挖的大洞

所以，人类无法挖穿地球，不是缺机械、缺时间、缺金钱、缺挖掘能力的问题，而是地球内部的极端环境，根本无法保持一个洞的形状。

参考文献

[1]　阿西.人类可以挖穿地球吗［J］.少年科普世界，2020（004）：26-27.

[2]　丁一汇.全球气候变化［J］.世界环境，2002（006）：9-12.

[3]　耿涌，董会娟，郗凤明，等.应对气候变化的碳足迹研究综述［J］.中国人口.资源与环境，2010，20（010）：6-12.

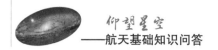

28 为什么河流是弯弯曲曲的?

河流弯曲是多种原因共同作用下形成的。其原因之一是复杂的地形使得河流不可能沿着直线方向一直向前流动。这个概念在山区很好理解,山脉阻碍了河流的流向。而在宽阔的平原地区,因为江河两岸的土壤结构不完全一样,土壤内部所含的盐碱等化学成分也不完全相同,所以两岸土壤承受水冲击力的能力也不完全相同,这就导致了河流的弯曲。

离心力是河流弯曲的另一个原因。当河流在某个地方偏移一些以后,它在离心力的作用下,要压向凹入的一岸。同时,河床也要脱离开凸出的一岸。如此一来,河流不但没有机会恢复它的直线方向,反而偏移越来越大,成了一条弯曲的曲线,而且曲率越来越大。由于离心力不断加大,河流又不可能顺着河床的一边流,而总是从一边折向另一边,从凹入的一边折向最近的凸出的一边,于是,河流呈现出了弯弯曲曲的流向。

总的来说,自然界中没有成直线的河流的原因主要是侵蚀和沉积。我们都知道,河流是动态的,不仅仅水是流动的,同时河沙也是流动的。当水流过河岸时,不稳定的河岸土壤将会被水流带走,这个过程就是侵蚀的过程。同时,在侵蚀过后,流沙被转移到河流下游的某些地方堆积,这就是沉积的过程。由于侵蚀现象的存在,在河道治理中常常通过硬化河岸去缓解这个过程。

河流的侵蚀和沉积是一个极缓慢的过程。有学者做了一个河流侵蚀实验,来观察河流的动态变化。在试验设计中,为了更快速地感受到河流动态变化,假设河流前一小段是弯曲的而后面是直线的,然后观察直线部分河流驳岸的变化。实验过程中展示了小段河流快速的侵蚀和沉积变化。而在现实的河流中,侵蚀和沉积的过程是缓慢而不易察觉的,同时也发生在河流的各个地方。

图1 干枯的河道

侵蚀和沉积会给生态和环境带来什么影响呢？

（1）侵蚀过程为下游丰富的河岸生态提供了足够的沉淀物

侵蚀和沉积的过程是对应的，河岸侵蚀掉的泥沙可以为下游生态环境的建立提供足够的原料。比如河岸所包含的粗泥沙（形成水生生态环境的物理结构），通过上游的侵蚀过程传递到下游，为下游无脊椎动物打造他们所需要的河床环境。

另外一个侵蚀和沉积形成的生态环境就是河口三角洲。三角洲是因为流沙通过河流传递到海口时，流动的速度被海水减慢，不同重量的流沙在海口不同位置堆积，日积月累而形成的。三角洲不仅仅为各种动物提供了非常良好的栖息环境，同时，因为三角洲的土壤肥沃，也是天然的农业种植基地，比如西班牙的埃布罗河三角洲、尼罗河三角洲都是重要的农业中心。

（2）侵蚀和沉积过程使河岸形成丰富的生态环境

在自然的河流中，河岸相对水面位置不同，包含的水分和湿度不同，从而会形成不同的植物和动物栖息环境。比如靠近水面的河岸部分所生长的植

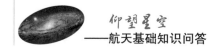

物会吸引昆虫的繁殖，而这些昆虫又会为不同的鸟类提供食物。另外一些两栖动物也需要自然的河岸环境，比如青蛙、蟾蜍等，而龟类往往喜欢在堆积不稳定的土壤里建窝。侵蚀和沉积所形成的植物环境为动物在水和陆地的往来中提供了保护。而当我们使用水泥硬化这些河岸时，丰富的河岸生态环境就会由此消失。

参考文献

［1］ 本社.奇趣大百科.自然卷［M］.北京：外语教学与研究出版社，2008.

［2］ 马媛媛.河流为什么都是弯曲的［J］.少儿科技，2006.

［3］ 韩长代，孙德范.河流为什么都是弯曲的［J］.飞碟探索，2002（002）：4.

 相关链接

河流问题的研究与处理

侵蚀和沉积让河流保持了丰富的生态价值，任何对于这两个过程的影响都可能会导致整个河流的生态环境产生变化。对于河流问题的研究和处理，最重要的有以下两点。

（1）河流的空间尺度

河流的空间尺度过于庞大，在处理时，往往只会关注某一段河流，而忽略了河流的整体性。由于侵蚀和沉积的存在，河流中任何部位的改变都会对整个河流的生态平衡带来不可预知的后果。比如说常见的水坝，我们可能只会看到它为某一段河流的居民带来了便利，但是忽略了水坝影响流沙传递对下游生态环境的破坏。所以说，整体性地看待河流十分重要。

（2）河流的时间尺度

河流的改变是漫长的，河流基础设施对于整个河流的长远影响往往容易被忽视。比如一些河岸硬化、分流、拦截等，这些措施带来的不利影响很难及时地体现在当下，但是严重的后果可能会在未来30年、50年、100年或更长的时间内逐渐显现出来。美欧在过去一百多年中，控制河流所带来的灾害后果已经逐渐体现。比如俄罗斯伏尔加河鲟鱼的灭绝、美国加利福尼亚州三文鱼的绝种、西班牙埃布罗河三角洲的消失等，都给我们敲响了警钟。所以讨论河流问题，不能仅仅着眼于当下，更应放眼于长远。

弯曲的河流往往提供了丰富的自然生态环境，对水体也有净化的作用，然而在城市化的过程中，往往将河流过度使用，变成促进发展的工具。比如说将自然河流和污水管道连在一起，利用河流来转移城市污水；建造堤坝防止水土流失和抵抗洪水；将自然的河流转变为硬化的笔直的运河以加快雨水的排放等。

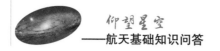

29 地球是怎么自转和公转的？

地球自转定义：地球绕自转轴自西向东转动，从北极点上空看呈逆时针旋转，从南极点上空看呈顺时针旋转。地球自转轴与赤道面垂直。关于地球自转的各种理论目前都还是假说。地球自转是地球的一种重要运动形式，自转的平均角速度为 4.167×10^{-3} 度／秒，在地球赤道上的自转线速度为 465 米／秒。地球自转一周耗时 23 小时 56 分 4 秒，约每隔 10 年自转周期会增加或者减少千分之三至千分之四秒。

图 1　美国阿波罗 17 号航天员拍摄的地球

古希腊的费罗劳斯、海西塔斯等人早已提出过地球自转的猜想，中国战国时代《尸子》一书中就已有"天左舒，地右辟"的论述，而对这一自然现象的证实和它被人们所接受，则是在 1543 年哥白尼日心说提出之后。

格林尼治时间所说的一秒是一天的 86410 分之一，而 1972 年制作的地球时钟所定义的一秒是从铯原子中放射出的光振动 9192631770 次所需要的时间。与铯原子振动数能维持一定速度相比，以地球的自转为准的格林尼治标准时间是发生变化的，闰秒就是为了解决这种问题产生的一种时间概念。

闰秒，是指为保持协调世界时接近于世界时时刻，国际计量局统一规定在年底或年中（也可能在季末）对协调世界时增加或减少1秒的调整。由于地球自转的不均匀性和长期变慢性（主要由潮汐摩擦引起的），当世界时（民用时）和原子时之间相差超过±0.9秒时，就把协调世界时向前拨1秒（负闰秒，最后一分钟为59秒）或向后拨1秒（正闰秒，最后一分钟为61秒），闰秒一般加在公历年末或公历六月末。最近一次闰秒在北京时间2017年1月1日7时59分59秒（时钟显示07：59：60）。这也是本世纪的第五次闰秒。

地球自转的意义主要有以下几方面。

（1）昼夜交替

地球是一个不透明的球体，背向太阳的一面看不到太阳，形成了昼半球和夜半球。昼夜半球的分界线包括晨线和昏线。晨昏线有三种判读方法①自转法：顺地球自转方向，由夜进入昼，为晨线；由昼进入夜为昏线。②时间法：赤道上地方时为6点对应的为晨线；赤道上的地方时为18点，对应的为昏线。③方位法：夜半球东侧为晨线，西侧为昏线；昼半球东侧为昏线，西侧为晨线。

（2）地方时和区时

地方时的概念：以本地子午面作起算平面，根据任意时天体所确定的时间，均称该地的地方时。

产生的原因：东边的地点比西边的地点先看到日出，东边地点的时刻较早，西边地点的时刻较晚。

计算方法：所求地点的时间＝已知地点的时间±（两地相隔的经度数÷15°）×1小时（所求地点在已知地点以东用"＋"，反之用"－"）。

时区的含义：时区是指同一时间制度的区域。

时区的划分：全球共划分为24个时区，以本初子午线为基准，从7.5°W向东至7.5°E，划分为一个时区，叫中时区或零时区。在零时区以东，依次划分为东一区至东十二区；在中时区以西，依次划分为西一区至西十二区，东十二区和西十二区各跨经度7.5°合为一个时区，即十二区。

区时的含义：为了方便计时，把每一个时区中央经线的地方时作为整个时区通用的时间，即区时。

区时的计算：所求地的区时＝已知地的区时 ± 时区差 ×1 小时（计算某地所在的时区：用该地经度 ÷15° 所得商四舍五入取整数，即为时区数，东西时区根据所在经度来确定；时区差的计算：若两地同属于东时区或同属于西时区，时区差为两地时区数之差，若两地分属于东、西时区，则两地时区差为两地时区数之和；"＋""－"号的取舍：若要计算的地方位于已知地的东侧，用"＋"，反之用"－"）。

地方时和区时的关系：一般从光照图上读到的时间，均是地方时，一个地区正午太阳高度角最大时，一定是地方时 12 时，由于区时从地方时而来，区时即为一个时区中央经线的地方时，则二者关系又密切联系。两个地点的地方时，可以相差时、分、秒，而两个地点的区时之差只能是小时。

概念：国际上规定，把东西十二区之间的 180° 经线作为国际日期变更线，简称日界线。

日界线的特征：日界线是地球上新的一天的起点和旧的一天的终点，地球上日期的更替，都从这条线开始。日界线不是一条直线，而是有些曲折，不完全按照 180° 经线延伸，这是为了附近国家和地区居民生活的方便，日界线的划定避免通过陆地。

过日界线时日期的变更：由于在任何时刻，东十二区总比西十二区早 24 小时，即一天。因此，自东十二区向东进入西十二区，日期要减去一天；自西十二区向西进入东十二区，

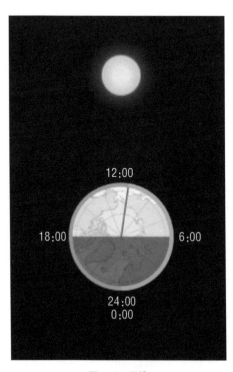

图 2　日界线

日期要增加一天。东西十二区时刻相同，但日期相差一天。

（3）沿地表水平运动物体的偏转

地球自转还导致地球上任意方向水平运动的物体，都会与其运动的最初方向发生偏离。若以运动物体前进方向为准，北半球水平运动的物体偏向右方，南半球偏向左方。

造成地表水平物体运动方向偏转的原因是物体都具有惯性，力图保持自己的速率和方向。如上所述，地球上的水平方向，都是以经线和纬线为准的，经线的方向就是南北方向，纬线的方向就是东西方向。但是由于地球自转，作为南北和东西方向标准的经线和纬线，都随地球自转而发生偏转。于是，真正保持不变方向的物体的水平运动，如果用地球上的方向来表示，倒是相对地发生了偏转。

地球公转是一种周期性的圆周运动，因此，地球公转速度包含着角速度和线速度两个方面。如果我们采用恒星年作地球公转周期的话，那么地球公转的平均角速度就是每年360°，也就是经过365.2564日地球公转360°，即每日约0.986°，亦即每日约59′8″。地球轨道总长度是9.4亿千米，因此，地球公转的平均线速度就是每年9.4亿千米，也就是经过365.2564日地球公转了9.4亿千米，即每秒钟29.8千米，约每秒30千米。

依据开普勒行星运动第二定律可知，地球公转速度与日地距离有关。地球公转的角速度和线速度都不是固定的值，随着日地距离的变化而改变。地球在过近日点时，公转的速度快，角速度和线速度都超过它们的平均值，角速度为1°1′11″/日，线速度为30.3千米/秒；地球在过远日点时，公转的速度慢，角速度和线速度都低于它们的平均值，角速度为57′11″/日，线速度为29.3千米/秒。地球于每年1月初经过近日点，7月初经过远日点，因此，从1月初到当年7月初，地球与太阳的距离逐渐加大，地球公转速度逐渐减慢；从7月初到来年1月初，地球与太阳的距离逐渐缩小，地球公转速度逐渐加快。

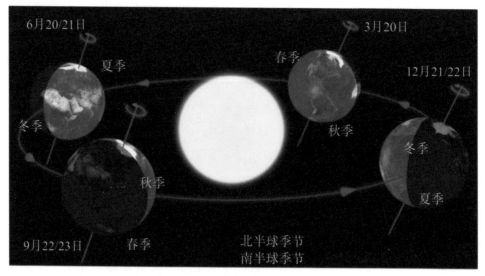

图 3 地球公转示意图

　　春分点和秋分点对黄道是等分的，如果地球公转速度是均匀的，则视太阳由春分点运行到秋分点所需要的时间，应该与视太阳由秋分点运行到春分点所需要的时间是等长的，各为全年的一半。但是，地球公转速度是不均匀的，则走过相等距离的时间必然是不等长的。视太阳由春分点经过夏至点到秋分点，地球公转速度较慢，需要 186 天多，长于全年的一半，此时是北半球的夏半年和南半球的冬半年；视太阳由秋分点经过冬至点到春分点，地球公转速度较快，需要 179 天，短于全年的一半，此时是北半球的冬半年和南半球的夏半年。由此可见，地球公转速度的变化，是造成地球上四季不等长的根本原因。

　　地球绕太阳公转一周所需要的时间是地球公转周期。笼统地说，地球公转周期是一"年"。因为太阳周年视运动的周期与地球公转周期是相同的，所以地球公转的周期可以用太阳周年视运动来测得。地球上的观测者，观测到太阳在黄道上连续经过某一点的时间间隔，就是一"年"。由于所选取的参考点不同，则"年"的长度也不同。常用的周期单位有恒星年、回归年和近点年。

参考文献

［1］ W.H.芒克，G.J.F.麦克唐纳.地球自转［M］.北京：科学出版社，1976.

［2］ 王刚.地球自转和公转引出的运动方向［J］.中学地理教学参考，1999（Z2）：93-94.

［3］ 安欧.地球公转自转与地壳动力学［G］.地壳构造与地壳应力文集，2009：6-20.

相关链接

名词解释

一光年：是指光在真空中一年时间里面走过的距离，注意光年是长度单位。

光在一年时间里面走过的距离与地球公转的周长之比：由于1光年是光在一年时间里面走过的距离，地球公转周长是地球一年走过的弧长，时间都是一年。所以距离之比就是光速300000千米/秒和地球公转的速度29.8千米/秒之比，n=10000倍。

根据椭圆终极理论公式计算公转周长近似为939901691.151千米（由于计算机局限暂时只能精确到此）。通常所指的地球公转是以太阳为参考系的二维平面，而地球在宇宙总空间和时间中转行一年的行程，大约117亿千米，轨迹是螺旋状的，2011年的春分和2012年的春分，不是相交，而是距离数十亿千米。

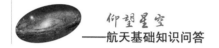

30 大自然的馈赠——凝看海洋

海洋资源是指海洋中的生产和生活资料的天然来源。海洋资源包括海洋矿物资源、海水化学资源、海洋生物（水产）资源和海洋动力资源四项。海洋矿物资源主要有石油、煤、铁、铝矾土、锰、铜、石英岩等。海水化学资源主要有氯、钠、镁、硫、碘、铀、金、镍等，它们溶解在海水中，其性质同海洋矿物资源一样，都是矿物资源（区别于生物资源），但其开发方法同海洋矿物资源完全不同。

图1 半潜式钻井平台

海洋是生命的摇篮，海水不仅是宝贵的水资源，而且还蕴藏着丰富的化学资源。加强对海水（包括苦咸水，下同）资源的开发利用，是解决沿海和西部苦咸水地区淡水危机和资源短缺问题的重要措施，是实现国民经济可持续发展战略的重要保证。海水淡化，是开发新水源、解决沿海地区淡水资源紧缺的重要途径。

图2　海洋生物

　　海水淡化，是指从海水中获取淡水的技术和过程。海水淡化在20世纪30年代主要是采用多效蒸发法，在20世纪50年代至20世纪80年代中期主要是采用多级闪蒸法（MSF），20世纪50年代中期的电渗析法（ED）、20世纪70年代的反渗透法（RO）和低温多效蒸发法（LT-MED）逐步发展起来，特别是反渗透法目前已成为海水淡化方面发展速度最快的技术。

　　据国际脱盐协会统计，截至2001年年底，全世界海水淡化水日产量已达3250万立方米，解决了1亿多人的供水问题。这些海水淡化水还可用作优质锅炉补水或优质生产工艺用水，可为沿海地区提供稳定可靠的淡水。国际海水淡化水的售价已从20世纪六七十年代的每立方米2美元以上降到不足0.7美元的水平，接近或低于国际上一些城市的自来水价格。随着技术进步，成本进一步降低，海水淡化的经济合理性将更加明显，并作为可持续开发淡水资源的手段引起国际社会越来越多的关注。

图3　海水淡化处理

中国反渗透海水淡化技术研究历经多年攻关，在海水淡化与反渗透膜研制方面取得了很大进展。现已建成反渗透海水淡化项目13个，日总产水能力近1万立方米。中国正在实施万吨级反渗透海水淡化示范工程和海水膜组器产业化项目。蒸馏法海水淡化技术研究已有几十年的历史。天津大港电厂引进两台3000立方米/日多级闪蒸海水淡化装置，于1990年起运转，积累了大量宝贵经验。

海水直接利用，是直接替代淡水、解决沿海地区淡水资源紧缺的重要措施。海水直接利用技术，是以海水直接代替淡水作为工业用水和生活用水等相关技术的总称，包括海水冷却、海水脱硫、海水回注采油、海水冲厕，以及海水冲灰、洗涤、消防、制冰、印染等。

海水直流冷却技术已有近百年的发展历史，有关防腐和防海洋生物附着技术已基本成熟。中国海水冷却水用量每年不超过141亿立方米，而日本每年约为3000亿立方米，美国每年约为1000亿立方米，差距很大。

海水循环冷却技术始于20世纪70年代，在美国等国家已大规模应用，是海水冷却技术的主要发展方向之一。中国经过"八五""九五"科技攻关，完成了百吨级工业化试验，在海水缓蚀剂、阻垢分散剂、菌藻杀生剂和海水冷却塔等关键技术上取得重大突破。"十五"期间，通过实施国家重大科技攻关项目，建立千吨级和万吨级海水循环冷却示范工程。

海水脱硫技术于20世纪70年代开始出现，是利用天然海水脱除烟气中SO_2的一种湿式烟气脱硫方法。具有投资少、脱硫效率高、利用率高、运行费用低和环境友好等优点，可广泛应用于沿海电力、化工、重工等企业，环境和经济效益显著。拥有自主知识产权的海水脱硫产业化技术亟待开发。

海水化学资源综合利用，是形成产业链、实现资源综合利用和社会可持续发展的体现。海水化学资源综合利用技术，是从海水中提取各种化学元素（化学品）及其深加工技术。主要包括海水制盐，苦卤化工，提取钾、镁、溴、硝、锂、铀及其深加工等，已逐步向海洋精细化工方向发展。

参考文献

［1］ 中国海洋学会科普委员会.海洋科普文选［M］.北京：海洋出版社，1985.

［2］ 黄宇，王元媛.地球上的海洋［M］.北京：化学工业出版社，2013.

［3］ 瞬间抽干地球上所有海洋的水会怎样？［J］.少年科普世界，2017（6）：6-7.

［4］ 贾文毓.地球上有多少水？［J］.中学地理教学参考，1985（5）.

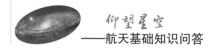

31 大自然的馈赠——触摸山脉

山脉是沿一定方向延伸，由若干条山岭和山谷组成的山体。山脉主要是由地壳运动中的内应力作用产生，有明显的褶皱，从而区别于山地。

山脉的构成包括主山（主干）、大支、小支、余脉。余脉相对而言比较小，还要与主干或大支相距一个较长的低缓地带。山脉可分为整体型山脉和散布型山脉，前者在一个整体高地上，例如天山山脉；后者有某种整体性但是不在一个整体高地上，例如罗霄山脉中段的武功山的南北方都是一个很长的低缓地带。

（1）昆仑山

昆仑山脉（昆仑山），又称昆仑虚、昆仑丘或玉山，是亚洲中部大山系，也是中国西部山系的主干。该山脉西起帕米尔高原东部，横贯新疆、西藏，延伸至青海境内，全长约2500千米，平均海拔5500~6000米，宽130~200千米，西窄东宽，总面积达50多万平方千米。

图1 昆仑山

（2）华山

华山，古称"西岳"，雅称"太华山"，为中国著名的五岳之一，位于陕西省渭南市华阴市，在省会西安市以东 120 千米处，南接秦岭，北瞰黄渭，自古以来就有"奇险天下第一山"的说法。华山是第一批国家重点风景名胜区，国家 AAAAA 级旅游景区，全国重点文物保护单位。华山地处黄河中游流域，与黄河一起孕育了中华民族。据历代专家学者研究考证，古代华夏文明主要聚集在以华山为中心的方圆 500 千米范围内。

图 2　华山

（3）阿尔卑斯山脉

阿尔卑斯山脉位于欧洲中南部，覆盖了意大利北部、法国东南部、瑞士、列支敦士登、奥地利、德国南部及斯洛文尼亚。阿尔卑斯山脉自亚热带地中海海岸法国的尼斯附近向北延伸至日内瓦湖，然后再向东北伸展至多瑙河上的维也纳。

阿尔卑斯山脉地处温带和亚热带纬度之间，成为中欧温带大陆性湿润气候和南欧亚热带夏干气候的分界线。高峰全年寒冷，在海拔 2000 米处年平均气温为 0 摄氏度。山地年降水量一般为 1200~2000 毫米，但因地而异。海拔 3000 米左右为最大降水带。高山区年降水量超过 2500 毫米，背风坡山间谷地只有 750 毫米。

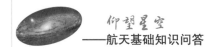

阿尔卑斯山脉是欧洲最大的山脉，同时也是个巨大的分水岭，欧洲许多大河如多瑙河、莱茵河、波河、罗讷河等均发源于此。各河上游都具有典型山地河流特点，水流湍急，资源丰富。

图3　阿尔卑斯山

阿尔卑斯山脉面积虽然仅占欧洲的 11%，但提供欧洲 90% 以上的水源，尤其是干旱地区与夏季。米兰等城市就有 80% 的水依赖阿尔卑斯山脉供应。河川流域里有 500 座以上的水力电厂，发电量达 2900 千瓦时。其他河川如多瑙河，主要支流也源自阿尔卑斯山脉。隆河是地中海第二大水源，仅次于尼罗河；冰川融化为隆河水源，流入日内瓦湖后再流向法国，在法国还用来冷却核能电厂。莱茵河源自瑞士一个 30 平方千米的区域，约占瑞士输出水量的 60%。

阿尔卑斯山脉中的几个植物带，反映了其海拔和气候的差异。在谷底和低矮山坡上生长着各种落叶树木，其中有椴树、栎树、山毛榉、白杨、榆、栗、花楸、白桦、挪威枫等。海拔较高处的树林中，最多的是针叶树，主要的品种为云杉、落叶松及其他各种松树。在西阿尔卑斯山脉的多数地方，云杉占优势的树林最高可达海拔 2195 米。落叶松具有较好的御寒、抗旱和抵抗大风的能力，可在海拔高至 2500 米处生长，在海拔较低处可有云杉混杂其间。在永久雪线以下和林木线以上约 914 米宽的地带是冰川作用侵蚀过的地区，这里覆盖着茂盛的草地，在短暂的盛夏期间有牛羊放牧。这些与众不同的草地——被称为 "alpages"（高山盛夏牧场），阿尔卑斯山脉和植物带都是从这个词衍生出来的——都位于主要的、横向的山谷的上方。在沿海阿尔卑斯山脉南麓和意大利阿尔卑斯山脉南部，主要是地中海植物，有海岸松、棕榈、稀疏的林地和龙舌兰，仙人果也不少。

阿尔卑斯山脉中的动物种类也较多，岩羚羊、猞猁、狼、红鹿、金雕、水獭等动物都已经适应了山地环境，虽然部分地区熊已消失，但高地山羊（它同岩羚羊一样，动作异常敏捷）却被意大利皇家猎物保护区所挽救。旱獭在地下通道中越冬。山兔和雷鸟（一种松鸡）冬季变成白色（保护色）。在一些小山脉的中间，设有几座国家公园，可使当地的动物获得稳妥的保护。

阿尔卑斯山脉的景色十分迷人，是世界著名的风景区和旅游胜地，被世人称为"大自然的宫殿"和"真正的地貌陈列馆"。这里还是冰雪运动的圣地，探险者的乐园。

山地冰川呈现一派极地风光，是登山、滑雪的旅游胜地。阿尔卑斯山地冰川作用形成许多湖泊，最大的湖泊为莱芒湖，另外还有四森林州湖、苏黎世湖、博登湖、马焦雷湖和科莫湖等。

参考文献

［1］ 江先华.山脉起源之谜［J］.飞碟探索，2011（008）：36-37.

［2］ 潘裕生.西昆仑山构造特征与演化［J］.地质科学，1990.

［3］ 万景林，李齐.华山岩体中，新生代抬升的裂变径迹证据［J］.地震地质，2000，22（1）：53-58.

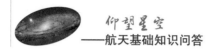

相关链接

珠穆朗玛峰

珠穆朗玛峰（珠峰）是喜马拉雅山脉的主峰，位于中国与尼泊尔边境线上，它的北部在中国西藏定日县境内（西坡在定日县扎西宗乡，东坡在定日县曲当乡，有珠峰大本营），南部在尼泊尔境内，而顶峰位于中国境内，是世界最高峰，是中国跨越四个县的珠穆朗玛峰自然保护区和尼泊尔国家公园的中心所在。

藏语中"珠穆"是女神的意思，"朗玛"是母象的意思，所以，珠穆朗玛就是"大地之母"的意思。

两种高度：登山者登上的是总体高度，尼泊尔等使用登山者采用的雪盖高（总高）8848 米，2005 年中国国家测绘局测量的岩面高（裸高即地质高度）为 8844.43 米。

2020 年 12 月 8 日，中国国家主席习近平同尼泊尔总统班达里互致信函，共同宣布珠穆朗玛峰最新高度 8848.86 米。

32 大自然的馈赠——走进森林

森林资源是林地及其所生长的森林有机体的总称，以林木资源为主，包括林中和林下植物、野生动物、土壤微生物及其他自然环境因子等资源。林地包括乔木林地、疏林地、灌木林地、林中空地、采伐迹地、火烧迹地、苗圃地和国家规划宜林地。

1990年到2020年，全球森林资源面积净损失达1.78亿公顷。而近20年来，中国的森林面积增长了0.4497亿公顷。在森林面积增长的同时，中国林业产业总产值从2001年的4090亿元增加到2019年的7.56万亿元，对7亿多农村人口脱贫致富作出了重大贡献，是对"绿水青山就是金山银山"的最好诠释。中国目前已成为世界上森林资源增长最多和林业产业发展最快的国家。

图1　森林

不同国家、不同国际组织确定的森林资源范围不尽一致。按照国家林业局《国家森林资源连续清查主要技术规定》，凡疏密度（单位面积上林木实有木材蓄积量或断面积与当地同树种最大蓄积量或断面积之比）在0.3以上的天然林；南方3年以上，北方5年以上的人工林；南方5年以上，北方7

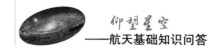
年以上的飞机播种造林，生长稳定，每亩成活保存株数不低于合理造林株数的 70%，或郁闭度（森林中树冠对林地的覆盖程度）达到 0.4 以上的林分，均构成森林资源。在联合国粮食及农业组织世界森林资源统计中，只包括疏密度在 0.2 以上的郁闭林，不包括疏林地和灌木林。

森林资源是地球上最重要的资源之一，是生物多样化的基础，它不仅能够为生产和生活提供多种宝贵的木材和原材料，能够为人类经济生活提供多种物品，更重要的是森林能够调节气候，保持水土，防止或减轻旱涝、风沙、冰雹等自然灾害；还有净化空气、消除噪声等功能；同时森林还是天然的动植物园，哺育着各种飞禽走兽和生长着多种珍贵林木和药材。森林可以更新，属于再生的自然资源，也是一种无形的环境资源和潜在的"绿色能源"。反映森林资源数量的主要指标是森林面积和森林蓄积量。

森林资源的可再生性和再生的长期性。在一定条件下,森林具有自我更新、自我复制的机制和循环再生的特征，保障了森林资源的长期存在，能够实现森林效益的永续利用。森林资源所具有的可再生性和结构功能的稳定只有在人类对森林资源的利用遵循森林生态系统自身规律，不对森林资源造成不可逆转的破坏的基础上才能实现。因为林木从造林到其成熟的时间间隔很长，天然林的更新需更久的时间，即便是人工速生林也要 10 年左右的时间，这就影响到森林资源的再生性和系统的稳定性。

森林资源功能的不可替代性。森林作为一个生态系统，是地球表面生态系统的主体，在调节气候、涵养水源、保持水土、防风固沙、改善土壤等多方面的生态防护效能上有着重要的作用，并且地球表面生态圈的平衡也要依靠森林维持。

森林资源产品转化的巨差性。森林储量并不意味着高产量，因为木材生产的储量与年生产量之间存在着一个数量差距。以立木生产为例，森林资源储量与年采伐量比最少是 17：1，最多为 50：1，甚至更高，这种高比例会影响到许多方面的开支，如护林费用等，从而导致巨额投入资金的占用。

森林资源具有多种功能,可以提供多种物质和服务。森林资源的经济效益、生态效益、社会效益是统一的，对其进行任何单一目的的经营管理都将产生许多重要的额外效益。

由于中国国土辽阔、地形复杂、气候多样，森林资源的类型多种多样，有针叶林、落叶阔叶林、常绿阔叶林、针阔混交林、竹林、热带雨林等。树种达8000余种，其中乔木树种2000多种，经济价值高、材质优良的就有1000多种。珍贵的树种如银杏、银杉、水杉、水松、金钱松、福建柏、台湾杉、珙桐等均为中国所特有。经济林种繁多，橡胶、油桐、油茶、乌桕、漆树、杜仲、肉桂、核桃、板栗等都有很高的经济价值。中国森林资源的地理分布极不均衡，东北、西南地区和东南、华南丘陵山地，森林资源比较丰富，森林覆盖率达28%~38%；华北、中原及长江、黄河下游地区为7%；西北干旱、半干旱地区森林资源极少，仅为1.4%。森林资源结构不够合理，用材林面积的比重占73.2%，经济林占10.2%，防护林占9.1%，薪炭林占3.4%，竹林占2.9%，特殊用途林占1.2%。经济林、防护林、薪炭林的比重低，不能满足国计民生的需要。中国林地生产力水平低，发达国家林地利用率多在80%以上，中国仅为42.2%；世界平均每公顷蓄积110立方米，中国为90立方米；每公顷年生长量，发达国家均在3立方米以上，中国仅为2.4立方米。但中国宜林地多，东南半部气候湿润温暖，造林潜力大。

我国仍然是一个缺林少绿、生态脆弱的国家，森林覆盖率远低于全球31%的平均水平，人均森林面积仅为世界人均水平的1/4，人均森林蓄积只有世界人均水平的1/7，森林资源总量相对不足、质量不高、分布不均的状况仍未得到根本改变，林业发展还面临着巨大的压力和挑战。

参考文献

［1］ 王衡芽.试论中国森林资源现状与持续发展初探［J］.资源科学，1997，19（4）：34-39.
［2］ 蒋高明，李勇.中国森林现状［J］.百科知识，2011（6）：12-14.
［3］ 张明喆.森林资源的永续利用与持续发展［J］.民营科技，2017（5）.

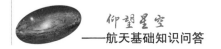

33 地球的"三极"

如果从人类走出非洲为起点开始计算的话，从人类占据海岛，占据大陆到现在为止，现代人类对地球的开拓已经超过了7万年，我们一代代繁衍，一代代生息，一代代大刀阔斧地重塑地球，这颗星球上的任何一处地方，我们都有足够的理由将其称为"人类家园"，唯有一处地方——位于地球最南端的南极大陆是个例外，从1821年2月7日，海豹猎手约翰·戴维斯（John Davis）驾船登陆它的边缘一角算起，人类与南极的接触不足200年。这里生存环境极为恶劣，至今没有永久性居民，更像是一个被人类刚刚闯入的异星世界。

从地理上来说，地球分为两极：南极和北极。南极和北极是地球上的两个端点，它们是假想的地球自转轴与地球表面的两个交点。在北半球的叫北极，在南半球的叫南极。

南极地区是地球上最冷的地区，即使在暖季（每年11月到次年3月）也非常严寒。南极地区素有"冰雪高原"之称，大部分地方覆盖着很厚的冰层，冰层平均厚度2000多米。冰山是南极大陆附近海面显著的自然景象，它是南极大陆冰川下滑崩裂入海形成的。据统计，南极大陆周围海洋上的冰山大约有1万多立方千米，这是人类可以利用的巨大水库。

图1　中国南极昆仑站

　　北极虽然不像南极那么寒冷，但大部分地区也是终年冰封。北极地区是指北极附近北纬66°34′北极圈以内的地区。冬季，太阳始终在地平线以下，大海完全封冻结冰。夏季，气温上升到冰点以上，北冰洋的边缘地带融化，太阳连续几个星期都挂在天空。北冰洋中有丰富的鱼类和浮游生物，这为夏季在这里筑巢的数百万只海鸟提供了丰富的食物来源，同时，也是海豹、鲸和其他海洋动物的食物。北冰洋周围的大部分地区都比较平坦，没有树木生长。冬季大地封冻，地面上覆盖着厚厚的积雪。夏天积雪融化，表层土解冻，植物生长开花，为驯鹿和麝牛等动物提供了食物。同时，狼和北极熊等食肉动物也依靠捕食其他动物得以存活。

　　北极地区是世界上人口最稀少的地区之一。千百年以来，因纽特人（旧称爱斯基摩人）在这里世代繁衍。在这里发现了石油，因而许多人从南部来到这里工作。

图2　北极点附近景观

　　在我们平时熟知的地理中，地球确实分为南北两极，那你有没有听说过地球除了两极之外，还有第三极？

　　其实，在现代诗歌中的第三极并不是一个地理概念；如果说与地理有关，那只是借用了喜马拉雅山——珠穆朗玛峰这样一个地理形象。那是一块生命

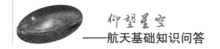

的禁区，是地球除南北极之外最后一块净土，它高峻庄严、极其高洁，其群峰突出云表，而罕世风光又与天空（神界）极其逼近，与人们对理想文学的诉求完全重合。但第三极却又不仅仅指珠穆朗玛峰，而是指青藏高原。

图3 青藏高原地形

在地球最近的5亿年间，曾发生过多次板块碰撞，6500万年前的一次碰撞引发了超大幅度的地表隆起，地球上最高、最厚、最年轻的高原——青藏高原诞生了。它平均海拔超过4000米，厚度可以达到80千米，可与地球南、北极并列，称为"第三极"。

青藏高原的周围有许多山脉，它们大多数呈从西北向东南的走向，相对于高原外的地面它们陡然而起，上升很多，其中南部的喜马拉雅山脉中的许多山峰名列世界上前十位，特别是世界上最高山峰——珠穆朗玛峰。高原上还有很多冰川、高山湖泊和高山沼泽。亚洲许多主要河流的源头也在这里。

青藏高原和地球上的南、北极有着共同的地方，那就是气候寒冷，但是它也有自己作为第三极的特点：那就是空气稀薄、气压低。作为第三极，数千年来未被惊扰，得以安然地矗立在雪山深处，成为美丽而神秘的地方。青藏高原现有的名胜古迹大多被列入了各级文物保护范围，是全人类的文化遗产。

参考文献

［1］ 周军.烧完煤和石油，我们烧什么？［J］.小学生之友·智力探索版旬刊，2006.
［2］ 侯增谦，莫宣学，杨志明，等.青藏高原碰撞造山带成矿作用：构造背景、时空分布和主要类型［J］.中国地质，2006.
［3］ 张镱锂，李炳元，郑度.论青藏高原范围与面积［J］.地理研究，2002，21（1）：1-8.

 相关链接

青藏高原对气候的影响

青藏高原，因其海拔高，面积大，被称为世界屋脊。青藏高原对周边的气候有着特别大的影响。长三角、珠三角等地降水较多有利于农业生产，沃野千里是鱼米之乡。但是，为什么会有如此多的降水呢？靠海是重要的因素之一。但是，同纬度的副热带高压控制下的也靠海的地区，比如北非、中东等都是降水不丰富的亚热带沙漠和草原气候。这是因为青藏高原的出现，加剧了降水的作用。青藏高原作为一块巨大的陆地，在夏季大陆普遍因受热而增温的背景下，青藏高原因受热而提高的温度更加明显，使得夏季风来得更猛烈，带来的水汽也更充沛。

到了冬季，西伯利亚吹来的冷空气在青藏高原北部受到了阻碍，青藏高原为高原南部的地区保温。除了太平洋会带来我们所熟知的东南季风之外，西南部的印度洋也会产生西南季风。但是，如果没有青藏高原的存在的话，这支西南季风可以长驱直入地进入我国的西北地区，同时青藏高原的存在却将水汽拦截在了青藏高原的南部，我国的西北地区也因此而变得更加干旱，青藏高原的南部降水则格外的多。

青藏高原的存在首先削弱了西风急流，而那些先抬升后下降的急流呢？恰好出现于四川盆地上空，经过了青藏高原的高寒洗礼之

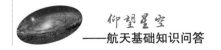

后，较冷的急流在遇到较热的势力较强的空气之后，又一定程度地向上爬升，这被称为"西南涡"。而东南来的水汽也因高原的阻挡而聚集在四川盆地。因此，四川盆地的水汽较多，云雾也不少，这就是"蜀犬吠日"的原因。

对于那些主要的从北从南绕过青藏高原的西风急流来说，则被分为了北支急流与南支急流，温暖的南支急流在我国的云南省与贵州省边界处与北方的冷空气相遇，双方势力相当，互不相让，在那里形成了"昆明准静止锋"，昆明准静止锋在云南、贵州一字排开，成西北—东南向，昆明就是在冬季也被南支急流带来的暖气团所控制，在冬天也不显得冷，那里"四季如春"。而位于冷气团一侧的贵州多降水，因此有"天无三日晴"。

34 地球变热了，还是变冷了？

随着工业的发展，温室气体的排放让气候的变化越来越剧烈，各种极端天气的出现让人们产生了危机感。为此，科学家们也在进行深入的研究。在气候方面，科学家们的看法并不一致，甚至出现了严重的分歧。一部分人认为根据近些年的气候监测，全球气候一直在变暖；而另一部分则认为现在的变暖只是暂时的气温上升。这些说法都有一定的依据，但是真正的气候变化趋势仍然没有确切的答案。

2018 年夏天，北冰洋北极圈的温度竟然高达 32 摄氏度。北极 30 多摄氏度意味着什么呢？

图 1　冰川消融

长此以往，太平洋、印度洋沿海地势较低的地区将要被海水淹没，成为一片汪洋。原先住在那里的成千上万居民，不得不迁移到别的国家。有的人曾经计算过，当冰雪全部消融后，海平面大约上升 60 米，这意味着凡海拔高

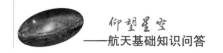

度低于 60 米的地方，包括纽约曼哈顿摩天大厦 20 层以下的地方，都要被海水淹没……

气候变暖，海平面上升，这是不是有人故意在危言耸听呢？不，一些科学家已找到了证据：由于海平面上升，陆地正在下沉。如上海、广州、天津等大城市与 20 世纪同期相比，大约下沉了 15 厘米左右。

那么为什么地球会变暖呢？科学家认为，人类活动对气候的影响日趋严重。全世界每年要向天空排放 120 亿吨之多的二氧化碳。

二氧化碳有一种奇特的功效，它能大量地吸收大气层表层和下层的热量，并阻止它们散失到空中去，就像温室的玻璃一样。大气中二氧化碳含量越高，气候变暖的趋势就会越明显。

更为严重的是，大气中某些微量气体产生的"温室效应"远比二氧化碳厉害。这些微量气体包括：有机物腐烂产生的甲烷、汽车排放的废气和土壤中氮肥释放的一氧化二氮……这些气体目前含量虽然还不多，但它吸收热量的能力却很强，能将二氧化碳的"温室效应"作用放大。

除此之外，还有城市越来越多的人工热的影响。随着城市建设发展规模壮大，人口越来越多，城市的温度比郊外高出 0.5~1 摄氏度，这种现象有人叫做热岛效应。

与此同时，仍然有科学家认为全球只是暂时性变暖，地球目前要面对的仍然是持续变冷的趋势。近年来，抨击气候"变暖说"的学者接连出现。一些科学家纷纷发表研究成果，他们指出：地球正在向低温化、湿润化的方向发展。那些认为地球温暖化的观点，不过是人们对未知自然的误解。美国的一些地质学、地理学、古生物学、考古学的专家认为，"变暖说"的观点以气象观测站的统计数据为基础，而气象观测站的数据 97.5% 取自城市和城市的周围，不难看出，在城市的周围才存在着人为的升温，所以"变暖说"缺乏有力的依据。

美国国家航空航天局的科学家通过卫星温度测量证明，地球平均气温从 1979 年到 1988 年没有上升，甚至还在下降。在北半球，温度在 10 年中稍有增高，但南半球温度在降低。总的来说地球是在变冷。

美国农业部多年来跟踪研究，发现地球是在降温。他们对 1200 多个气象观测站的数据作了详尽的分析，从 1920 年以来，温度有所上升的只是大城市，而在城市郊区和农村，气温在下降。我国的气象专家也认为，我国的气象资料也表明了气温呈现下降的趋势。

那么地球在变冷，它的理论根据是什么呢？科学家们做了种种有趣的解答。

有的说，我们的地球每隔几万年要进入"冰箱"冷藏一段时间。这在地球史上叫进入冰期。到时候全球银装素裹，连赤道也不例外。地球已经历了将近 1 万年的温暖期，人类似乎已听到了冰川匆匆赶来的脚步声。有的科学家说，天气变冷与地球上的"阳伞效应"有关。什么是阳伞效应呢？这是指地球大气中烟尘引起的效应。第二次世界大战以来，火山爆发的次数已由平均每年 16~18 次增加到 37~40 次。而从 1880 年 ~1970 年，北半球人为烟尘已增加了 3 倍，工业、汽车、炉灶等排放的烟尘在不断增加。这些悬浮在大气中的气溶胶粒子犹如地球的遮阳伞，它能反射和吸收太阳的辐射，引起地面温度下降。

气候变暖或者是变冷的预测，科学家各执己见，存在很大的分歧。澳大利亚沃伦昂大学的教授埃德·布列昂特说："气候在变，但变化的原因是自然的而不是人为的。"他认为气候只是变得更加多变，例如英国刚遭遇到历史上最冷的冬天，而其后是最暖春天和秋天，这只不过是自然气候的波动。按照他的观点，无论是温室效应还是阳伞效应，这些人为的因素虽影响着地球的气温，但终不能左右气温变化的总趋势。地球究竟是在变冷还是在变热呢？这仍然是一个有趣的谜。但在科学家们的孜孜探索下，全人类必将能经受气候变迁的考验，迎接恶劣气候的挑战。

无论哪一种说法，都是立足于人类生存的环境而言，毕竟气候变化与人类命运息息相关。众所周知，减缓气候变化的趋势才能够有效地保护地球上的生命安全，而人类活动是影响气候的关键因素，人类从自身做起调整生产生活方式，减少对地球生态的影响，才是改善地球环境的有效方式。

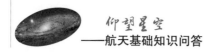

仰望星空
——航天基础知识问答

参考文献

［1］ 逾凡木，肖夏（图）.地球在变冷还是在变热［J］.科学之友（上），2008.

［2］ 吴明.地球在变冷还是变暖［J］.今日科技，2006，2（2）：59.

［3］ 肖越.天气在变暖还是在变冷［J］.少年科学，2006（7）：113-117.

第三章
飞向太空

35 人类为什么要飞向太空?

人类意识到自己有各个方面的局限性,必然会去探索更广阔的天空,来回答自己心中无数的疑问。对太空的求知欲望,将是人类太空探索的永恒动力。

地球是万物的摇篮。人类历经沧桑,终于以其高超的智慧和灵巧的双手征服了地球。但是人们并未因此而满足,他们抬头仰望,对美丽的天空产生了无尽的兴趣。

人类居住的地球,相比宇宙而言,仿佛沙滩中的一粒沙,人类关于宇宙所掌握的知识也有限。无疑,人类也只有通过太空探索,才能最后回答"宇宙是从哪儿来

图1 宇宙中的星系

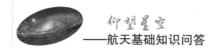

的""人类是怎样产生的""宇宙还有没有其他生命"等这些长期困惑人类的问题。正如霍金所说:"这种探索虽然无法解决地球上任何迫在眉睫的问题,但或许能够提供解决这些问题的全新视角,让我们着眼于更广的空间,而不是拘泥眼下。"

图2　银河

人类之所以不倦地探索登天之路,是因为从千百年的生产和生活实践中越来越清楚地认识到,其赖以生存的地球作为宇宙中的一个星球,发生的许多现象都与空间的现象有直接的联系。为了搞清楚这种联系,人类从远古时代就开始进行孜孜不倦地研究和探索,虽然取得了很大的成就,但是人们也发现,没有人的参与,很多的情况依然不能搞清楚。为了突破地球大气的屏障和克服地球引力,把人类的活动范围从陆地、海洋和大气层扩展到太空,更广泛和更深入地认识整个宇宙,就要充分利用太空和载人航天器的特殊环境进行各种研究和试验活动,开发太空及其丰富的资源。

太空探索也是为了更好地保护和利用地球。当前地球面临气候变暖、生态破坏、能源枯竭、小行星撞击地球等严重挑战,这就迫使我们寻找未来人类可以生存的地方。

　　在科学家看来，未来几百年，如果全球人口的增长趋势继续下去，人类将会面临巨大的生存压力。到 2600 年，世界将会异常拥挤，电力消耗将让地球变成一个火球。部分科学家认为移民太空是避免未来"世界末日"的最好办法，寻找人类在其他星球上生活的可能。将整个人类都移民，现在看起来不现实，即使移民也只可能是少数人。因此，唯一使人类社会永续发展的办法，就是解决地球的生态保护和能源的持续利用问题，并开发利用太空资源，来不断改善人类生活。目前，利用太空的高远位置，已经在通信、导航、遥感等信息领域，取得了巨大成效，而在开发物质资源和能源方面，也已初露曙光。

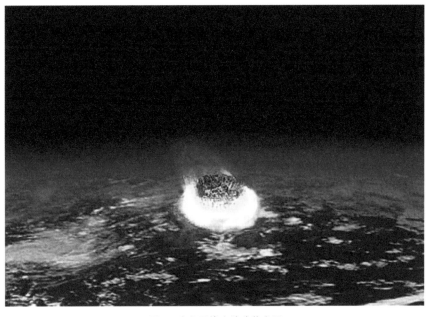

图 3　小行星撞击地球艺术图

　　最后，我们不能以战胜自然为终极目标，而是要怀着对自然界万物的敬畏与尊重，努力保护生态，达到人与自然和谐共生。

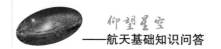
参考文献

［1］ 景海鹏，辛景民，胡伟，邓一兵，郑南宁.空间站：迈向太空的人类探索［J］.自动化学报，2019，45（10）：1799-1812.

［2］ 黄润乾.恒星的结构与演化［M］.北京，科学出版社，1986.

［3］ Smith E V P, Jacobs K C.Introductory astronomy and astrophysics［M］.Introductory astronomy and astrophysics，1987.

［4］ Carroll B W，Ostlie D A，Friedlander M.An Introduction to Modern Astrophysics［J］.Physics Today，1997，50（5）：66-67.

36 谁是第一个试图利用火箭飞行的人?

面对神秘未知的宇宙,人类自古便渴望一探究竟,那谁是世界上第一个试图用火箭飞向太空的人呢?他又是怎么样实现探索的?最后成功了吗?

在公元14世纪末的中国,有一个叫陶成道的木匠(原名陶广义,后被朱元璋赐名"成道"),原是浙江婺城陶家书院山长,喜好钻研炼丹技巧。在一次炼丹事故后,转为试制火器。元末,吴王朱元璋下婺州,陶成道率一干弟子相投,献火神器技艺。在历次战事中屡建奇功,受到朱元璋封赏"万户",从此陶成道被人称为"万户"。

当时,万户对武器的改良使得很多次战争取得了胜利,朝廷将万户请到兵器局工作。正当万户前途一片光明之时,他的好友,班背将军因性情耿直得罪奸臣而被免职,被软禁在深山中。

图1 翱翔的飞鸟

万户决定造一只"飞鸟",飞进深山营救班背,但将军却已经被密谋杀害,救人的计划失败。久而久之,失去了知己的万户厌恶官场和人世间的生活,于是他开始想办法逃离人世间,打算依靠已有的"飞鸟"计划飞到一直以来古人寄托着美好寓意的月亮上去生活。

那时人类对地外世界还知之甚少,木匠出身的万户甚至进行周密的计算,绘出了飞鸟草图,他认为按照当时的火箭技术,加之风筝的帮助可以延长飞行时间,他一定能飞到月亮上去。

由于当时火箭在军队中被广泛使用,为了实现自己的愿望,万户研究了将军留下的"火箭理论",并用自己的知识进行了完善。他从火箭中提取了精华并将其设计成飞行火箭。这种火箭的前端和后端是木雕龙尾,两个火箭发射器用作助推器。龙的胃里充满了燃料(其实是火药),可以飞行几千米,风筝可以延长飞行时间。这就是万户发明的人类历史上第一个"载人火箭"。

万户还对发明的火箭进行了试验:他手持两个大风筝,坐在一辆捆绑着四十七支火箭的车上。命令他的仆人点燃第一排火箭。只听轰的一声巨响,飞车周围浓烟滚滚,火光四射。飞车顷刻间离开了地面,渐渐升向空中。但是,正当地面的人群发出欢呼的时候,突然,第二排火箭自行点燃了。只听横空一声爆响,悲剧发生了。万户乘坐的飞车刹那间变成了一团火,万户从燃烧着的飞车上跌落下来,重重地摔在地上,献出了年轻的生命。他手中仍然紧紧拿着两个被火焚烧的风筝。这就是"万户飞天"的传说。

图2 能够飞上天空的风筝表达了人们飞天的渴望

万户作为地球上第一个敢于造出火箭实现飞天梦的人,虽然以失败告终,但"万户飞天"无疑成为了人类探索宇宙历史上的里程碑,也进一步激发了后人们探索宇宙奥秘的热情，激励了无数人投身航天事业，意义深远且巨大。

美国火箭专家赫伯特（Herbert·S.Zim）在1945年出版的《火箭和喷气发动机》（Rockets and Jets）一书中提到，"有一位中国的官吏万户，他在一把座椅的背后，装上47枚火箭。他把自己捆绑在椅子的前边，两只手各拿一个大风筝。然后叫他的仆人点燃大火箭，其目的是想借火箭向上推进的力量，加上风筝上升的力量飞向上方。"

苏联火箭专家费奥多西耶夫和西亚列夫也在他们的《火箭技术导论》中说，万户不仅发明了火箭，而且是"首次尝试使用火箭将人们带到宇宙的幻想者"；德国火箭专家威利·李在1958年出版的一本书中说，万户在"发明并测试一架火箭飞机时，牺牲了自己"。英国火箭专家麦克斯韦尔说，"万户的事迹是早期火箭历史上一个有趣而重要的事件"。

世界科学家们为了纪念万户献身于飞天事业的伟大创举，就将月球背面的一个环形山以"万户"命名，万户希望能到达月亮的愿望终于实现了。

参考文献

［1］ 万户：火箭飞天第一人［J］.家教世界，2018（16）：44-45.

［2］ 项颖，海涛.永不熄灭的"飞天梦"［J］.奇妙博物馆，2020（Z1）：76-80.

［3］ 银河.世界航天第一人万户［J］.人生与伴侣（月末版），2014（3）：54.

［4］ 万户飞天.［EB/OL］.［2020-11-18］.https：//baike.baidu.com/item/ 万户飞天 /8882998.

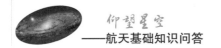

37 谁是第一个进入太空的人？

第一个试图用火箭飞行的人万户以失败告终，然而人类探索宇宙的步伐从未停止，随着人类的科技及制造水平的不断进步，终于，在1961年4月12日，苏联航天员（原称宇航员）尤里·阿列克谢耶维奇·加加林（1934—1968）成为了第一位进入太空的人。

1951年，加加林以优异的成绩毕业于柳别尔齐中学，接着在萨拉托夫技术学校开始了他的飞行员生涯，他把几乎所有的课余时间都花在了飞行训练上。在他加入苏联军队后不久，便成为苏联北海舰队的一名歼击机飞行员。

图1　尤里·阿列克谢耶维奇·加加林

1959年10月，苏联开展全国首位航天员的选拔工作。年仅25岁的加加林从近3500名空军飞行员中脱颖而出，1960年前往莫斯科，开始在苏联航天员训练中心进行训练。在训练中，加加林凭借其坚定不移的信念、超乎常人的体质和过人的胆识，成为了苏联第一名航天员。

1961 年 4 月 12 日，苏联航天员加加林从拜科努尔发射中心起航，乘坐东方 1 号宇宙飞船，在最大高度为 301 千米的轨道上绕地球一周，用时 1 小时 48 分钟。上午 10 时 55 分，飞船平安返回，降落在萨拉托夫州斯梅洛夫卡村地区，完成了世界上首次载人航天飞行，实现了人类进入太空的愿望。

在完成此次飞行后，全球向他投来充满敬意的目光，莫斯科举办欢庆仪式，迎接凯旋的英雄，加加林荣获"列宁勋章"，并被授予"苏联英雄"和"苏联宇航员"称号。在此之后，加加林访问了 27 个国家，22 个城市授予他荣誉市民称号。

图 2　加加林凯旋

之后，加加林又进入茹科夫斯基航空工程学院学习，以出色的成绩毕业。此外，加加林还积极协助辅导其他航天员的培训，1961 年 5 月，他成为首席航天员。1963 年 12 月，他晋升为航天员培训中心副主任。

在训练其他航天员的同时，他并没有放弃自己的训练，而是希望自己能够重新进入太空。1967 年 4 月，他完成了联盟号宇宙飞船首次飞行的训练准备，成为航天员科马罗夫的替补。

然而，不幸的灾难降临到加加林身上，1968 年 3 月 27 日，他在一次例行飞行训练中，飞机意外坠毁，加加林和飞行教练员谢廖金一并遇难。灾难发生的这天，加加林要按计划驾驶米格 -15 歼击机飞行两次，每次半小时。

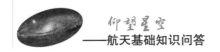

10 时 19 分，飞机升空。10 时 30 分，加加林把天空的情况报告飞行指挥，请求返航。之后，无线电通信突然中断，几乎同时，飞机一头栽到地上。

事故发生后，政府组织展开了调查。经过认真分析和研究后认为："1968 年 3 月 27 日的飞行准备工作完全按照要求进行，无任何异常。"调查委员会发现飞机在返回时，发生了某些事故，使飞机处于危急状态。飞机从低层云中飞出，轨道的倾斜角度达到了近 90°，飞机在与地面相撞时的状态近乎垂直。那时，飞机几乎无法看到水平线。其间，加加林与另一名飞行员密切合作，并尽最大努力试图使飞机脱离俯冲状态，但飞行高度仅为 300 米，调整时间仅剩 2 秒，远远超出了可控能力范围，年仅 34 岁的加加林就这样离开了人世。

加加林死后，他的骨灰被埋在克里姆林宫。他的家乡被命名为加加林市，他所在的航天员训练中心也以他的名字命名。

图 3　带有加加林头像的俄罗斯卢布

为了纪念加加林代表人类的第一次飞行，俄罗斯将每年的 4 月 12 日定为宇航节，并在这一天举行对这位英雄的盛大纪念活动。国际航空联合会设立了加加林金奖。月球背面的一座环形山也以他的名字命名。

2011 年 4 月 5 日，为了纪念人类太空飞行 50 周年，以加加林命名的联盟 TMA-21 载人飞船和联盟 -FG 型运载火箭在哈萨克斯坦的拜科努尔发射台进行发射。

　　同年 4 月 7 日，第 65 届联合国大会通过决议，宣布将每年 4 月 12 日定为"国际载人航天日"，以纪念加加林在 1961 年 4 月 12 日第一次飞入太空；同年 10 月 7 日，在"纪念人类太空飞行 50 周年"的系列活动上，航天员加加林的铜像在联合国维也纳办事处大厦内揭幕。

　　2016 年 4 月 12 日，俄罗斯乌格列戈尔斯克举行了由加加林完成的世界首次载人航天飞行 55 周年纪念活动。

参考文献

［1］　新华网.尤里·阿列克谢耶维奇·加加林.［EB/OL］.［2020-11-28］.http：//news.xinhuanet.com/misc/2006-02/08/content_4151699.html.

［2］　孙越.加加林：太空归来以后［J］.看世界.2020（1）：93.

［3］　苏晓禾.加加林：从尘埃到星辰［J］.太空探索.2018（11）：66-67.

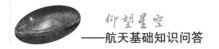

38 谁是第一个太空行走的人？

太空行走指航天员离开载人航天器乘员舱，只身进入太空的出舱活动。广义上讲：航天员在月球和行星等其他天体上完成各种任务的过程也可以称为太空行走。方式主要有脐带式、便携式和机动式。

航天员飘在太空中，没有任何依靠，通常靠绳索与航天器连接，而且绳索不宜过长。此外飞行过程中，航天员还需要时刻保持警惕，因为大大小小的太空垃圾会随时飞来，切断绳索，使航天员回舱的难度变得极大，所以太空行走的任务是非常艰巨的，需要进行相当严格的训练。

第一个进行太空行走的人是阿列克谢·阿尔希波维奇·列昂诺夫（1934~2019），他于1934年5月30日在苏联克麦罗沃州利斯特维扬卡出生。1960年，列昂诺夫和其他19名飞行员，成为苏联第一批仅有的20名预备航天员。他的首次太空行走原定在东方11号任务中，但由于意外情况，这次任务被取消了。

为在太空任务中赢过美国，太空行走计划在苏联进行得如火如荼：先发射了一艘安装了各种复杂仪器的无人飞船，负责收集数据，以搞清太阳辐射、高能量粒子流等因素对航天员身体造成的影响。从发射到执行任务，飞船在太空工作得相当出色，但在返回地面时突然启动了自爆程序，使得关乎航天员生命的珍贵数据就这样被炸得无影无踪。

此时，距预定的太空行走只有一个月的期限。面对突如其来的打击，专家

图1 阿列克谢·阿尔希波维奇·列昂诺夫

们一下子紧张起来。在这千钧一发之际，苏联"航天之父"科罗廖夫将执行太空飞行任务的别列亚耶夫和列昂诺夫叫到身边，让他们决定是在什么准备都没有的条件下冒险升空，还是等上几个月重新发射一艘飞船？

当时美国在技术上也处于世界一流，随时都有可能第一个踏入太空。"第一"花落谁家很快就会被决定。因此，两位航天员心里都清楚科罗廖夫期待他们做出何种选择，别列亚耶夫和列昂诺夫毫不犹豫，心平气和地说道："我们做好了心理准备，现在飞……"

为尽可能减小此次飞行的危险，专家们设想了无数种可能发生的事情，其中甚至包括当列昂诺夫发生昏迷时，如何将在太空失去知觉的列昂诺夫拖入飞船。即便如此，科罗廖夫仍忧心忡忡。飞船起飞前，他对列昂诺夫耳语说："这是人类第一次太空行走，我们没有任何经验，也没有应急手段，一切全靠你自己掌握。一定要随机应变，千万别想当然。"

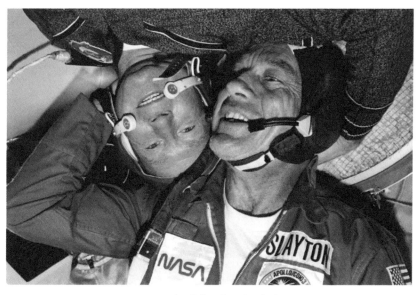

图 2　列昂诺夫（左）在飞船中

就是在这样的背景下，他们开始了自己也是全人类的冒险历程。

1965 年 3 月 18 日，人类首次完成了具有历史意义的太空行走，列昂诺夫在太空中度过了大约 24 分钟，其中自由"漂浮"12 分钟。

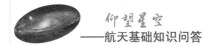

飞行期间，为研究无支承空间运动中的生物力学，他们试验了主动生命保护系统、操控系统和气密过渡舱。他还在太空中尝试进行安装和拆卸工作。因完成这次飞行任务，他们被授予"苏联英雄"称号。

首次进行太空行走时，列昂诺夫穿上白色宇航服，慢慢地打开舱门向外面移动。使用早期研制的脐带式生命保障系统保障自己的安全，飘出飞船5.3米，这也是安全索的最大长度。随后他落在飞船的顶部，停留几分钟后，回到飞船入口。

此时他发现，宇航服像气球一样膨胀了起来，他无法钻进舱门。无奈之下，他只好放出宇航服中的空气，将压力降低，进舱门的原定顺序是先将双腿伸入舱中，头部最后进入，之后伸手关门。但由于宇航服意外膨胀，使得他非常紧张，以至于他是头部先进入舱体内。然而由于宇航服体积过大，使得他转不了身关门，只能将宇航服里的气体放掉。最后虽然成功将舱门关上，但列昂诺夫在进行这些操作的时候，心跳曾一度飙升至每分钟200下。虽说从发现航天服膨胀到关闭舱门前后不过210秒，但列昂诺夫所承受的心理和生理压力却是难以想象的。

除了优秀航天员的身份外，列昂诺夫还是一位著名的艺术家，生活多姿多彩。为纪念苏联发射人类第一颗卫星20周年，1977年10月4日，苏联发行了由太空行走第一人列昂诺夫亲自设计的苏联宇航信封，每张信封上都盖有苏联太空发射基地的邮戳，苏联邮政局副局长亲自在其背面签字。

图3　列昂诺夫的形象出现在纪念邮票上

为表彰列昂诺夫在太空探索方面建立的功劳，苏联科学院授予他1枚齐奥尔科夫斯基金质奖章，国际航空联合会授予他2枚"宇宙"奖章，均由黄金制成。

列昂诺夫的第二次太空之旅同样具有深远意义，1975年7月，他在美、苏两国首次联合进行的"阿波罗‑联盟"号任务中担任苏方指挥。

这一次，列昂诺夫还把画笔和画纸带到太空，在太空画地球，也给"阿波罗‑联盟"号任务中的航天员们画像，因此也被戏称为第一位进入太空的画家。

1976年到1982年，列昂诺夫曾担任航天员小组的指挥官，他还是加加林航天员训练中心的副主任，负责监管航天员的训练。

参考文献

[1]　李嵩.太空行走第一人的坎坷回家路[J].太空探索，2020（1）：58-61.

[2]　苏晓禾.列昂诺夫：漫步太空第一人[J].太空探索，2018（12）：64-65.

[3]　于海琴.险象环生的人类首次太空行走[J].科学之友（A版），2009（1）：27.

[4]　杨孝文.漫步在太空[J].新世纪周刊，2008（28）：80-85.

[5]　航空航天学院.历数航天第一人（一）.[EB/OL].[2020-11-18].http：//www.aero.sjtu.edu.cn/data/view/971.

39 谁是第一个登上月球的人？

月亮，从很久以前就出现在古人的诗句中了，不论是"明月几时有，把酒问青天"，还是"海上生明月，天涯共此时"，圣洁而神秘的月亮一直以来都是人们歌颂的对象。那么月亮到底是什么样子的，离我们有多远，谁又是第一个登月的人呢？

从万户飞天，到加加林环绕地球一周，都还未真正意义上地离开地球，而离我们最近的月球便成了人类探索的下一个目标，美国东部时间 1969 年 7 月 20 日下午 4 时 17 分 42 秒，尼尔·奥尔登·阿姆斯特朗将左脚小心翼翼地踏上了月球表面，这是人类第一次踏上月球。

图1　人类第一次登月

1969 年 7 月 16 日 9 点 32 分，在肯尼迪航天中心，土星五号火箭成功发射。航天员阿姆斯特朗、奥尔德林和科林斯掌控飞船，在一条 190 千米高的轨道上飞行。飞船在环绕地球一圈半后，三级火箭点火，使飞船以每小时 38792

千米的速度脱离地球轨道，向 40 万千米外的月球前进。

在太空的第二天，航天员们启动了"哥伦比亚"号指令舱，进入到离月球表面只有 110 千米的一条轨道上。第三天下午，奥尔德林和阿姆斯特朗爬过飞船之间的通道，进入"鹰"号登月舱。黄昏时，航天员们进入了月球的引力场。

19 日下午，探测器进入绕月轨道。

图 2　穿着"双子航天服"的阿姆斯特朗

飞船在离月球表面 15.8 千米处进入了一条低轨道，飞行在一片满是高山和火山坑的荒野上空。这时，系统显示他们已接近目的地。在经历种种困难后，"鹰"号登月舱终于着陆。

经过三个小时的仪器检查，阿姆斯特朗背朝外，足足用了 3 分钟，才从九级的梯子上爬下来。在第二级阶梯上他拉了一根绳子，打开了电视摄像头，向世界直播了他小心下降到月球表面上的过程。

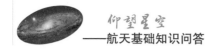

他的靴子接触到了月球表面，之后他说了一句著名的话："对一个人来说，这是小小的一步，但对人类来说，这是一大步。"他说，"月球土壤呈粉末状，如同面粉一样一层一层地粘满了我的鞋。我一步踩下去大概有三分之一厘米，但我能在松软的月面上看出自己的脚印来，仿佛走在海滩上。"

阿姆斯特朗的同行伙伴奥尔德林在他太空衣的裤袋里放了一些月壤。接着，在他下舱后第19分钟，阿姆斯特朗把一根标桩打入土里，架起电视摄影机。"鹰"号登月舱正处于电视图像的中央。电视观众们看到这两人像小鹿似的跳来跳去。随后，他竖起了一面1.5米长、0.9米宽的美国国旗，并向它行礼。他们还在此存放了一个盛有76个国家领导人发来电报的容器和一块不锈钢板，上面写着："公元1969年7月，来自地球的人类首次踏上月球，我们为了全人类的和平而来。"

图3　月球上的阿姆斯特朗

航天员们一面收集石块样本供科学调查，一面收集太阳粒子，测量他们太空衣外面的气温，记录月球震动频率，把测量结果通过无线电发送回地球。

在月球上停留了总共 21 小时 37 分钟之后，他们在半夜里回到"鹰"号登月舱，发动引擎离开了月球表面，在与"哥伦比亚"会合后，"鹰"号登月舱被放走飘入太空，最后坠毁在了月球上。

那天晚上，航天员们通过电视发送给地球一幅摄自距离地球 281635 千米外的地球的照片。那也是人类第一次看到外太空中自己家园的样子。最后，他们以每小时 39593 千米的速度航行，在太平洋上空 91.7 千米处进入了地球大气层。

图 4   在太平洋上回收返回舱

守候着的航空母舰探测到"哥伦比亚"在 22.2 千米外的地方，在三个 25 米的橙色和白色的降落伞协助下疾降。接着，返回舱撞向海面，巨大的冲击力激起了很高的大浪。尼克松总统在舰桥上激动地挥动双筒望远镜。舰上的乐队吹奏起了"哥伦比亚，你是海上明珠"，在整个美国和许多国外城市里，教堂钟声四起，汽车驾驶人都按响了车上的喇叭致意，场面异常壮观。人类第一次的登月计划宣告圆满成功。

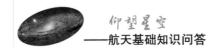
参考文献

［1］ "登月第一人"阿姆斯特朗逝世阿姆斯特朗简历．［EB/OL］.［2020-11-18］.http：//cul.shangdu.com/wikipedia/20120826/280_5690002.shtml.

［2］ 苗千.1969，飞向月球［J］.国防科技工业，2019（8）：22-27.

［3］ 天兵.他们，把脚印留在了月球上［J］.太空探索，2019（7）：40-41.

［4］ 苏晓禾.尼尔·阿姆斯特朗：第一位登上月球的人［J］.太空探索，2018（8）：70-71.

40 谁是第一个进入太空的中国人？

苏联人第一次进入太空，美国人第一次踏上月球，作为世界第三大国和世界最大的发展中国家，中国对太空的探索从未止步过。要说第一位进入太空的中国人，可谓是家喻户晓，相信很多人都能脱口而出一个人的名字：杨利伟。

1965年6月21日，杨利伟出生在辽宁省绥中县绥中镇，海边长大的他，总能看到海鸥飞来飞去，很小的时候，他就梦想着有一天，也能像海鸥那样，在蓝天上自由自在地飞翔，无拘无束。

杨利伟的爸爸杨德元、妈妈魏桂兰都是镇里学校的老师，父母在杨利伟的成长中起到了不可磨灭的作用。因为杨利伟从小性格内向、胆子也很小，为了改变小利伟的性格，一旦有空闲时间，爸爸经常带他外出徒步游玩。从此，杨利伟对探险和各种体育运动逐渐有了兴趣，也常常邀请伙伴一起游玩，探访各个古迹遗址。多姿多彩的生活使杨利伟的爱好也多了起来，他总是干着自己喜欢做的事情，尝试新事物，但他始终没有忘记小时候飞向蓝天的梦想，努力锻炼自己的身心，希望被选拔当上飞行员。

1983年6月，在他高三的时候，空军要选拔飞行员，而从小就有军人梦的杨利伟第一个报上了自己的名字，经过严格的选拔、考察、体检等程序，杨利伟正式成为中国人民解放军空军飞行学校的一名学生。

1987年，杨利伟毕业于中国人民解放军空军航空大学，被分配至空军歼击航空训练部队做飞行员。1988年被授予空军中尉军衔，同年加入了中国共产党。

1995年9月，载人航天工程指挥部从现役飞行员中选拔预备航天员。选拔工作进行了将近两年，1997年4月中旬，杨利伟在身体素质、抗压能力的测试中都达到了优秀，成为预备航天员中的一员，可谓万里挑一。

图1　神舟五号载人航天任务纪念

1998年1月，经过不断的训练，杨利伟终于走在了前排，和其他13位空军优秀飞行员一起，成为了中国第一代航天员，此时离他的梦想，只差飞天一步了。

2003年7月，经载人航天工程航天员选评委员会决定，杨利伟具备了独立执行航天飞行任务的能力，被授予三级航天员资格。

"3、2、1，点火！"北京时间2003年10月15日9时，数亿中国人怀着紧张的心情，双眼凝视着长征二号F火箭运载着神舟五号飞船徐徐升上天空。

伴随着巨大的轰鸣声，数百吨推进剂剧烈燃烧，8台喷气发动机同时喷出炽热的火焰，高温高速的气体，几秒钟就把发射台下的上千吨水烤干。当这个庞然大物缓缓升起时，大地都在颤抖，天空隆隆作响。火箭逐步加速，杨利伟感到压力在渐渐增加。在火箭上升到三四十千米的高度时，火箭和飞船开始急剧抖动，产生了共振。这让他感到非常痛苦。由于人体频率接近于10Hz，这种低频振动会让人的内脏产生共振。而这时不单单是低频振动的问题，由于火箭在不断加速，传递到航天员身上的压力大约相当于人体重量的6倍。杨利伟表示"这种叠加太可怕了，我们从来没有进行过这种训练"。

痛苦的感觉也越来越强烈，内脏随时都可能被撕成碎片，杨利伟痛苦不已，实在难以承受，感觉自己快不行了。当他在空中度过那难以承受的26秒时，地面的工作人员也陷入了空前的紧张。指挥大厅寂静无声，由于飞船传回来的画面是一帧一帧的，他一动不动，乃至眼睛也不眨，大家都担心出了什么意外。3分20秒，在整流罩打开以后，外面的光线一下子照了进来，刺眼的阳光使杨利伟的眼睛忍不住眨了一下。所有人都在注视着屏幕上的一举一动。突然有人高声喊道："快看啊，他眨眼了，利伟还活着！"有些白发苍苍的老科研工作者，盯着大屏幕默不作声，泪流满面。

图2 杨利伟的航天服

飞行回来后，他详细描述了这个痛苦的历程。工作人员研究后认为，飞船的共振主要来自火箭结构系统振动与推进系统振动的相互耦合。通过改进设计，在后续神舟六号、神舟七号等载人航天飞行过程中，再没有出现过这种情况。

杨利伟实现了华夏儿女的飞天梦想，神舟五号载人飞船的成功发射，使得中国成为第三个掌握载人航天技术的国家。

参考文献

［1］ 新浪网.英雄-杨利伟：圆梦太空中华飞天第一人.［EB/OL］.［2020-11-18］.http：//news.sina.com.cn/o/2017-08-15/doc-ifyixipt1901641.shtml.

［2］ 新华网.杨利伟.［EB/OL］.［2020-11-18］.http：//www.ln.xinhuanet.com/rdlm/2012-11/28/c_113832758.html.

［3］ 中国飞天梦［J］.国家人文历史，2017（14）：118.

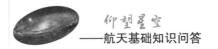
41 谁是第一个太空行走的中国人？

从 20 世纪 90 年代开始，我国确定了载人航天的发展目标，从此便不断进行技术攻坚，自行研制了神舟系列飞船，成功发射了一系列载人试验飞船。

2008 年 9 月 25 日，神舟七号载人飞船顺利升空，成为中国载人航天发展史上的又一座里程碑——中国航天员翟志刚身穿中国研制的"飞天"舱外航天服，在队友景海鹏和刘伯明的帮助下，打开神舟七号载人飞船轨道舱舱门，首次实施了空间出舱活动，在太空第一次留下中国人的足迹。翟志刚成为了第一个太空行走的中国人。神舟七号航天员的太空行走表明，中国具备了在太空中进行更为复杂操作的能力，为中国未来进一步的载人航天活动打下了坚实基础。

图 1　神舟七号载人航天飞行任务纪念

翟志刚 1966 年 10 月 10 日出生在黑龙江省齐齐哈尔市龙江县的一个小乡村。父亲长年卧病在床，一个大家庭全靠母亲支撑。空军飞行学院来招飞时，翟志刚高兴地报了名。当亲朋好友跑来告诉他考上空军飞行学院的消息时，母亲比他还激动。翟志刚通过刻苦踏实的努力一步步成长起来，先后任飞行中队长、飞行教员。1995 年 5 月的一天，翟志刚参加飞行训练时突遇沙尘暴，当时他正在返航途中，目视已看不清地面，风速 10 米 / 秒以上，凭借突出的飞行能力，他完全凭仪表驾驶战机安然着陆，并因此荣立三等功。

1996 年初夏，翟志刚接到通知，参加航天员初选体检。得益于平时勤奋的飞行训练，翟志刚闯过各种严苛的测试，顺利成为一名航天员。航天环境适应性训练是一项非常艰苦的训练，然而人们在观看他进行训练的录像时，发现一个有趣的现象——自始至终，翟志刚面带微笑。"神六"候选航天员、与翟志刚搭档的吴杰曾表示，翟志刚在航天员大队非常优秀，反应快，处置特殊情况的判断和决策非常准确，同时他训练刻苦，准备充分，此外翟志刚性格开朗，走到哪里都会是一片笑声。2008 年 11 月 7 日，翟志刚被授予"航天英雄"称号。

航天员在进行太空行走时所遭受的风险是人们平时无法想象的。执行第一次太空行走任务时，曾发生过令人心惊的一幕。飞船到达太空指定地点时，离出舱执行任务只剩下十几分钟，翟志刚正准备出舱，突然听到了报警声。报警的声音非常刺耳，不断重复轨道舱火灾。全世界的航天员，在太空中最害怕发生的事故就是飞船上发生火灾，美国第一位进行太空行走的航天员，就是在另一次例行测试时，因为舱内发生火灾而死亡。中国航天员们马上检查了所有设备，并没有发现有火灾的迹象，而且轨道当时正处于真空中，没有理由发生火灾。可怕的火灾报警声一直在持续，但航天员们下定决心一定要出舱，还要把飞船舱外的试验品取回舱内。当时按原定计划，翟志刚要先把固定在飞船外的一个试验样品送回舱内，再取出五星红旗进行舱外展示。出于保险起见，两人临时决定，改变原计划，刘伯明先把五星红旗递给了翟志刚。哪怕最终不能返回地球，中国航天员也要让五星红旗在太空中飘扬！2008 年 9 月 27 日 16 点 45 分 17 秒，身着舱外航天服的翟志刚迈出了中国人在太空中的第一步。

然而，刚走出飞船，翟志刚就感受到一种前所未有的冲击，他这样描述道："我顺着脚底往下一看，太深了，感觉深不见底。除了地球之外，都是

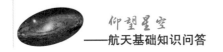

黑的。这种黑是那种深邃的黑，和我们在白天里看深井（一样），井底是黑的，你又看不见底，就觉得无穷深，一下子就觉得自己失去了任何依托。首先，我感觉我要赶紧抓住这个飞船，否则，一松手的话，人就没了。可当我抓住飞船之后再一看，这个飞船也是悬空的。再看一眼，地球也是在天上悬着的，无依无靠，我当时就怕地球也飘走了。这种失去安全感的、瞬间心理冲击还是很大的。"

经过航天员们精心的计划，中国首次太空行走终于顺利完成，事后分析，当时火灾警报只是虚惊一场。人们从电视中看到五星红旗飘扬在神舟飞船的舱外，但是却不知道航天员们所面对的惊险。翟志刚回忆说："我二话没说，拿起国旗对着摄像头就先进行展示。从太空回到地面以后有媒体问我们，为什么没有按照预定的飞行程序去执行？当时伯明就说，轨道舱报了火警。那时候我们就想，既然我们两个人有可能回不去，即使从舱外取回来东西，肯定也带不回来地面，与其去取那个东西，还不如展示国旗更重要。我和刘伯明就说，即使我们两个人回不去，我们也要让五星红旗在太空中飘扬。"

航天员在太空中的安全全部由舱外航天服保障。我国首次太空行走的舱外航天服是由我们国家自己研制的"飞天"舱外航天服。"飞天"舱外航天服主要由头盔、服装、手套和靴子组成，其主要功能有：空间环境防护，包括真空压力防护、空间热防护、空间辐射与微尘流防护；工效保障，包括操作工效保障、视觉保障；环境控制与生命保障，包括供氧调压、通风净化、主动遥控等。因为它有自带供电、气源、制冷和空气控制等技术，能独立实现环境控制和生命保障。它是中国自行研制的舱外航天服，整体设计和各部件的设计、组装都是中国人自己完成的，航天服的左臂上印着鲜红的国旗，右臂上有两个大字"飞天"。我国研制的"飞天"舱外航天服每套总重量120千克，造价约3000万元人民币，可靠性指标0.997，可在太空环境下工作4小时，具有环境控制与生命保障及舱外通信功能，各项技术指标完全满足太空行走任务的需要。

"飞天"看上去很像一件加厚、特大码的羽绒服，但上面"暗藏"了种种"机关",从上到下依次是头盔、上肢、躯干、下肢、压力手套和靴子,背上还有一只 1.30 米高的大背包。舱外航天服是航天员走出航天器到舱外作业时必须穿戴的防护装备,除了具有舱内航天服所有的功能外,还增加了防辐射、隔热、防微陨石、防紫外线等功能,在服装内增加了液冷系统(液冷服)。"飞天"舱外航天服的前胸是其"大脑"所在,服装胸前的电控台是电气系统的核心,内有服装泵、加电、风机、数管、照明、电台开关等设备。与美国、俄罗斯的航天服相比,中国的舱外航天服采用了更多的数字化技术,在信息采集、数据传输等方面均采用数字化手段。舱外航天服相对较柔软,这样航天员的行动也就更灵活,作为一个"穿在身上的飞船",希望我们的"飞天"越来越好、越飞越高。

参考文献

[1]　百度百科.翟志刚[EB/OL].[2020-11-18].https://baike.baidu.com/item/翟志刚.

[2]　田如森,史宗田.太空行走[M].北京:科学普及出版社,2009.

[3]　黄永明.精彩从太空行走开始[J].科技导报,2008(19):9.

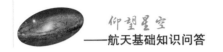

42 太空交通工具——运载火箭

运载火箭是人类进入太空的"交通工具"。运载火箭利用推进剂燃烧产生的巨大推力，将人类制造的各种航天器送入太空。

"火箭"在中国的历史中很早就出现了。三国时的火箭就是点着火的弓箭，人们使用它来达到纵火和制造混乱的目的，跟火药的运用没有关系。而随着中国火药的发明，中国古代的科学家就开始不断研制出各种各样的火药武器，火箭就是其中的一种，"火箭"一词才有了新的含义。

明代是火箭技术发展非常迅速的时期，它被广泛运用于战争。在《经略复国要编》里就提到过一种叫做"神火飞鸦"的武器。"神火飞鸦"外形像乌鸦，但爆炸时宛如现在的火箭弹。

在明代著名的兵书《武备志》中，还记载了一种叫做"火龙出水"的二级火箭，"火龙出水"多用于水战，这一点从它的名字就能看出来。"火龙出水"是用五尺长的毛竹做成的龙腹形状的箭筒，在毛竹的两端安上木雕的龙头和龙尾，在箭筒里装了多支火箭。筒外捆绑第一级火箭，而里面则装有第二级火箭。两级火箭的应用增加了"火龙出水"的射程。

《武备志》中还记录有一种名为"一窝蜂"的集束火箭，事实上就是利用火药的燃气作用，将一捆箭射出，射程约为300米，不需要一队弓箭手就可以发挥出箭雨效果，因此明朝边军大规模装备这种火箭。

谈到明代火箭，前面提到的万户是有史以来第一个尝试乘火箭飞行的先行者，希望借助火箭向前推进和风筝上升的力量飞向天空。钱学森先生说"他为整个人类向未知世界探索的进程作出了重要的贡献"。

随着现代科学技术的发展，俄国航天先驱齐奥尔科夫斯基首先提出了利用火箭实现太空飞行的设想和理论。他认为，在宇宙空间没有空气的情况下，唯一能够使用的运输工具是火箭。经过几年潜心研究，他于1898年完成了航天学经典论文《利用喷气工具研究宇宙空间》。此后，齐奥尔科夫斯基又发表了多篇关于火箭理论和太空飞行的论文，这些作品比较系统地建立了火箭运动和航天的理论基础，齐奥尔科夫斯基也被称为航天之父。

火箭的结构基本上是一个薄壁的圆柱壳体，纵向、横向等方向都有加强件。火箭各个结构主要是为了安装仪器设备和动力装置，存放推进剂，并承受在可能出现的各种地面操作和飞行中产生的外力，维持火箭的外形和完整度。目前为止，运载火箭的发射大致有三种方式：一是从地面固定发射场发射，二是从空中发射，三是从海上平台发射。

早先，运送航天器的运载火箭都是从地面发射场发射的。这种发射场有的规模很大，设施齐全，可以发射多种型号的运载火箭。但地面发射场受地理位置等因素的制约，限制了航天器的发射范围，难以满足各种类型航天器的需求，于是出现了从空中发射和从海上平台发射运载火箭的方案。从空中发射火箭是用飞机将火箭运送到高空后，再释放火箭，火箭在空中点火飞向预定轨道。采用这种发射方式，飞机可以在不同地点的机场起飞，从空中任何地点发射，不受地理位置的限制。但由于受到飞机运载能力的限制，空中发射的火箭不可能很大。

图1　地面火箭发射示意图

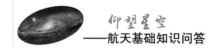

而与陆上发射场相比,从海上平台发射火箭同样具有多种优势。海上发射可以灵活选择发射地点,其次,当周围都是海时,火箭残骸的落区选择范围就变大了,从而可以使多级火箭的设计更加优化,进一步提高火箭的运载能力。陆上发射的优点就是在地面发射,发射装置便于安装和维护,火箭发射过程便于实施,发射安全容易保证。因此,至今美国、俄罗斯和中国的载人航天发射方式均选用陆上发射。

中国的卫星发射中心一共有四个,分别是酒泉卫星发射中心、西昌卫星发射中心、太原卫星发射中心,以及文昌航天发射场。酒泉卫星发射中心是科学卫星、技术试验卫星和运载火箭的发射基地之一,是中国创建最早、规模最大的综合型导弹、卫星发射中心,也是中国目前唯一的载人航天发射场。酒泉卫星发射中心位于酒泉市与阿拉善盟之间,海拔 1000 米,始建于 1958 年 10 月,占地面积约 2800 平方千米。太原卫星发射中心位于山西省太原市西北的高原地区,地处温带,海拔 1500 米左右,与芦芽山风景区毗邻,是中国试验卫星、应用卫星和运载火箭发射基地之一。西昌卫星发射中心始建于 1970 年,它主要承担地球同步轨道卫星,通信、广播、气象卫星等试验发射和应用发射任务。西昌卫星发射中心位于四川省凉山彝族自治州境内,中心总部设在四川省西昌市,卫星发射场位于西昌市西北 65 千米处的大凉山峡谷腹地。文昌航天发射场位于海南省文昌市龙楼镇星光村,毗邻大海,不仅具有良好的海上运输条件,而且火箭航区和残骸落区安全性好。在海南建设发射场,可利用纬度低的优势,提高地球同步轨道卫星运载能力,延长卫星使用寿命,效费比高。

那么,火箭发射的过程是怎样的呢?发射火箭时,地面控制中心开始倒数,当倒数到零时,就会下令"点火",在巨大的轰鸣声中火箭拔地而起,逐渐上升。上升到 70 千米左右高度时,第一级火箭发动机关机,一、二级火箭分离,第二级火箭发动机点火,继续向上飞行;当二级火箭发动机推进剂用完后,二、三级火箭分离,第三级火箭发动机点火;在火箭达到预定速度和高度时,第三级火箭发动机关机,并与航天器分离。此时,加速飞行段结束,火箭将航天器送入太空。

图2　火箭发射图

　　火箭也有很多种类，液体火箭是其中一种，同时也是最常用的一种。美国人戈达德曾经写下26种飞行方法的摘要，他通过试验认识到，火药火箭性能差，并且很难有较大的提高。因此他决定更深入地研究液体火箭。1921年12月，戈达德完成了第一台液体火箭发动机的研制。1925年，他试制出了第三台发动机。1926年3月26日，他和妻子以及两个助手在沃德农场进行了世界上第一枚液体火箭的发射试验，取得了很大成功。他在报告中描述道："火箭试验在下午2：30进行。经过2.5秒后，上升高度达12米，飞行距离达56米。"虽然这枚火箭性能并不理想，但它打开了液体火箭技术的大门。

　　二战期间，德国研制了V2火箭，V2火箭射程很远，德国想要利用V2火箭直接打到英国本土对对方造成伤害。V2火箭使用液体火箭发动机推动，发射时，先垂直上升到24~29千米，然后以40度的倾角上升，也可以由地面控制站向弹上接收机发射无线电指令进行控制。一分钟后，火箭可飞到48千米的高度，这时，火箭受系统指令的控制关闭发动机，火箭靠惯性继续上升，到大概97千米的高度后，以非常高的速度按抛物线轨迹下落并击中目标。但

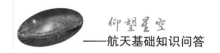

因为当时的火箭精度不够高，打击目标的误差较大，虽然能将火箭打到英国本土，但打击位置不够准确。尽管如此，1944年6月到1945年3月的10个月间，德国发射的火箭一共造成了英国大约3万人死亡，可见，德国新研制出的火箭威力之大。

图3　V2火箭在战争中造成的伤害

那么，在现阶段，各国火箭的发展情况是怎样的呢？

就中国而言，从20世纪70年代起，我国自行研制了"长征"系列运载火箭。1970年4月24日，中国第一枚运载火箭"长征一号"在酒泉基地将中国制造的第一颗人造地球卫星"东方红一号"送入太空，"东方红一号"在太空中播放了《东方红》乐曲，让中国的音乐进入了太空。由于当时技术的限制，"东方红一号"在太空中运行28天后与地面失去了联系，虽然它的寿命很短暂，但它的任务都圆满完成了。长征一号运载火箭成功发射东方红一号卫星是中国航天发展史上的一个里程碑。

在"长征一号"成功发射之后，中国又研制了长征二号系列、长征三号系列、长征四号系列运载火箭，新一代运载火箭长征五号、长征六号、长征七号、长征十一号等也陆续登场。长征火箭已经拥有退役、现役共计 4 代 20 余种型号，并具备了发射低、中、高不同的地球轨道、不同类型的卫星及载人飞船的能力，并具备了无人深空探测能力。2003 年 10 月 15 日，中国长征二号 F 运载火箭成功发射神舟五号载人飞船，实现了中华民族的千年飞天梦，2007 年 10 月 24 日，长征三号甲运载火箭成功发射嫦娥一号月球探测器，2020 年 7 月 23 日，长征五号运载火箭成功发射中国首次火星探测任务"天问一号"探测器，这都是中国航天的里程碑事件。截至 2020 年 7 月 23 日，我国长征系列运载火箭已经飞行了 340 次，发射成功率达到 96%。中国的长征系列运载火箭完全依靠中国人自己的力量，取得了举世瞩目的成就。

美国的运载火箭包含雷神、宇宙神、德尔塔、土星、大力神等 10 多个系列；还有飞马座、金牛座等多种小型运载火箭系列；猎鹰（Falcon）是美国 SpaceX 公司研制生产的系列运载火箭，主打高可靠、低成本和易操作，是美国商业航天的成功代表。美国第一颗上天的人造地球卫星是探险者 1 号，而送它进入太空的是丘比特 C 运载火箭，于 1958 年 1 月 31 日成功发射。丘比特 C 运载火箭由著名的火箭专家冯·布劳恩主持研制，冯·布劳恩以前是德国著名的 V2 火箭总设计师，德国战败后，成为美国的"战俘"。丘比特 C 火箭发射成功后，美国将几种中程导弹和洲际导弹不断改进，并研制成雷神、宇宙神、大力神和德尔塔等多种运载火箭。1967 年，美国研制出三级火箭"土星 5 号"——它曾 6 次将阿波罗载人飞船送上月球，在航天历史上留下浓墨重彩的一笔。

俄罗斯运载火箭也有许多系列，而且相当多的火箭是在导弹基础上改进而成的。俄罗斯的东方号系列火箭因发射东方号宇宙飞船而得名：1961 年 4 月 12 日，东方号火箭把世界上第一位航天员加加林送入地球轨道飞行并且安全返回了地面。东方号系列火箭包括"卫星号""月球号""东方号""上升号""联盟号""进步号""闪电号"等火箭，后四种型号又构成联盟号子系列。此外，还有"宇宙号""质子号""旋风号""安加拉号"等系列型号。联盟号系列火箭发射次数最多。另外，天顶号系列运载火箭是苏联和乌克兰合作开发

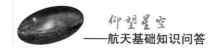

与研制的，分别为两级的"天顶-2"、三级的"天顶-3"和用于海上发射的"天顶-3SL"。

欧空局研制了系列运载火箭——阿里安火箭。该系列已经有5个子系列，在役的是阿里安-5。阿里安-4于1988年6月15日进行了首次发射，阿里安-5于1997年进行了首次发射，目前正在研制代替阿里安-5系列的阿里安-6运载火箭。

参考文献

［1］ 百度百科.运载火箭［EB/OL］.［2020-11-18］.https://baike.baidu.com/item/运载火箭/786531?fr=aladdin.

［2］ 谢光选.亲历长征一号火箭研制［J］.太空探索，2010（4）：30-31.

［3］ 廖红.万户、牛顿与火箭［J］.中学生数理化：初中版，2005（2）：65.

［4］ 子力.屡创佳绩的苏联/俄罗斯运载火箭［J］.中国航天：英文版，2002.

［5］ 徐菁.美国"战神"火箭首次成功发射［J］.国际太空，2010（1）：33-34.

43 人造卫星有哪些用途和类型？

人造地球卫星是指环绕地球、在空间轨道上运行的无人航天器。人造地球卫星基本按照天体力学规律绕地球运动，但因在不同的轨道上受非球形地球引力场、大气阻力、月球引力和光压等的影响，实际运动情况非常复杂。人造地球卫星是发射数量最多、用途最广、发展速度最快的航天器，约占航天器发射总数的 90% 以上。

人造卫星运行轨道可分为低轨道、中轨道、高轨道、地球同步轨道、地球静止轨道、太阳同步轨道、大椭圆轨道和极地轨道等。其中常见的为以下三种：

（1）地球同步轨道

轨道周期与地球自转周期相同，其中有一种十分特殊的轨道，叫地球静止轨道。这种轨道的倾角为零，在地球赤道上空 35786 千米。地面上的人看来，在这条轨道上运行的卫星是静止不动的。通信卫星、广播卫星、气象卫星等常选用这种轨道。地球同步轨道理论上有无数条，而地球静止轨道只有一条。

（2）太阳同步轨道

绕着地球自转轴，方向与地球公转方向相同，旋转角速度等于地球公转的平均角速度（360 度 / 年）的轨道，它距地球的高度不超过 6000 千米。在这条轨道上运行的卫星以相同的方向经过同一纬度的当地时间是相同的。气象卫星、地球资源卫星等常采用这种轨道。

（3）极地轨道

倾角为 90 度的轨道，在这条轨道上运行的卫星每圈都会经过地球两极上空，可以俯视整个地球表面。气象卫星、地球资源卫星、侦察卫星常采用此轨道。

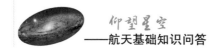
人造卫星按用途可以分为三大类：科学卫星、技术试验卫星和应用卫星。科学卫星是用于科学探测和研究的卫星，主要包括空间物理探测卫星和天文卫星，用来研究某星球的大气、辐射带、磁层、宇宙线、太阳辐射等，并可以观测其他天体；技术试验卫星是进行航天新技术试验或为应用卫星进行试验的卫星；应用卫星是为国民经济和军事服务的卫星，种类最多，数量最大。目前世界上大多数的人造卫星为人造地球卫星，另外有人造火星卫星等。下面对几种应用卫星做重点介绍：

（1）通信卫星

用作无线电通信中继站的人造地球卫星是卫星通信系统的空间部分。通信卫星转发无线电信号，实现卫星通信地球站（含手机终端）之间或地球站与航天器之间的通信。通信卫星按轨道的不同分为地球静止轨道通信卫星、大椭圆轨道通信卫星、中轨道通信卫星和低轨道通信卫星；按服务区域不同分为国际通信卫星、区域通信卫星和国内通信卫星；按用途的不同分为军用通信卫星、民用通信卫星和商业通信卫星；按通信业务种类的不同分为固定通信卫星、移动通信卫星、电视广播卫星、海事通信卫星、跟踪和数据中继卫星；按用途多少的不同分为专用通信卫星和多用途通信卫星。

一颗地球静止轨道通信卫星大约能够覆盖40%的地球表面，使覆盖区内的任何地面、海上、空中的通信站能同时相互通信。在赤道上空等间隔分布的3颗地球静止轨道通信卫星可以实现除两极部分地区外的全球通信。通信卫星是世界上应用最早、应用最广的卫星之一，美国、苏联/俄罗斯和中国等众多国家都发射了通信卫星。

（2）气象卫星

从太空对地球及其大气层进行气象观测的人造地球卫星是卫星气象观测系统的空间部分。卫星所载各种气象遥感器，接收和测量地球及其大气层的可见光、红外和微波辐射，并将其转换成电信号传送给地面站。地面站将卫星传来的电信号复原，绘制成各种云层、地表和海面图片，再经进一步处理和计算，得出各种气象资料。气象卫星观测范围广，观测次数多，观测时效快，观测数据质量高，不受自然条件和地域条件限制，它所提供的气象信息已广泛应用于日常气象业务、环境监测、防灾减灾、大气科学、海洋学和水文学的研究。气象卫星也是世界上应用最广的卫星之一。

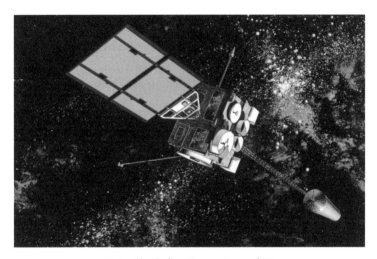

图1　美国气象卫星 GOES–8 示意图

（3）导航卫星

从卫星上连续发射无线电信号，为地面、海洋、空中和空间用户导航定位的人造地球卫星，是卫星导航系统的空间部分。导航卫星装有专用的无线电导航设备，用户接收导航卫星发来的无线电导航信号，通过时间测距或多普勒测速分别获得用户相对于卫星的距离或距离变化率等导航参数，并根据卫星发送的时间、轨道参数，求出在定位瞬间卫星的实时位置坐标，从而定出用户的地理位置坐标（二维或三维坐标）和速度矢量分量。

导航卫星网（导航星座）由数颗导航卫星构成，具有全球和近地空间的立体覆盖能力，可实现全球无线电导航。导航卫星按是否接收用户信号分为主动式导航卫星和被动式导航卫星；按导航方法分为多普勒测速导航卫星和时差测距导航卫星；按轨道分为低轨道导航卫星、中高轨道导航卫星、地球同步轨道导航卫星。世界四大卫星导航系统是美国的全球定位系统（GPS）、

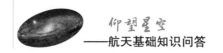
俄罗斯的全球导航卫星系统（GLONASS）、欧洲的伽利略卫星定位系统（GALILEO）和中国的北斗卫星导航系统（BDS）。

参考文献

［1］ 百度百科.人造卫星［EB/OL］.［2020-11-18］.https：//baike.baidu.com/item/人造卫星/5048356.

［2］ How many satellites are orbiting earth in 2018.Pixalytics.22 Aug 2018.

［3］ 庞之浩，贺勋.精彩纷呈的中国人造卫星［J］.国际太空，2019（9）：19-25.

［4］ 欧阳.中国航天60周年（二）人造卫星当空舞［J］.国际太空，2016（9）：17-26.

［5］ 左拉仁.形形色色的人造卫星［J］.中学物理教学参考，2006，35（1）：55-57.

 相关链接

北斗卫星导航系统

中国北斗卫星导航系统（简称BDS）是中国自主研发的全球卫星导航系统，也是继美国GPS、俄罗斯GLONASS之后的世界上第三个成熟的卫星导航系统。BDS和GPS、GLONASS、GALILEO，是联合国卫星导航委员会已认定的供应商。

北斗卫星导航系统由空间段、地面段和用户段三部分组成，可在全球范围内全天候、全天时为用户提供高精度、高可靠定位、导航、授时服务，并具备短报文通信能力，定位精度为厘米、分米级别，

测速精度0.2米/秒，授时精度10纳秒。

2000年10月31日，第一颗北斗卫星发射。2020年6月23日，北斗三号最后一颗全球组网卫星在西昌卫星发射中心成功发射。2021年7月31日，北斗三号全球卫星导航系统正式开通。

44 经久不衰的太空飞船——联盟号系列飞船

联盟号飞船是苏联/俄罗斯设计的一款载人飞船，由第一特殊设计局（即科罗廖夫设计局，现隶属于科罗廖夫能源火箭航天集团）研制，采用联盟号或质子号运载火箭发射，其主发射场是位于哈萨克斯坦共和国境内的拜科努尔航天发射场，也有少部分在俄罗斯普列谢茨克航天发射场和法属圭亚那太空中心发射。

该系列飞船于 20 世纪 60 年代首飞，目前仍在使用，是世界上服役时间最长、发射频率最高，同时也是可靠性最好的载人飞船，其原设计目的是作为苏联载人登月计划中的地月往返工具，由于苏联后来取消了登月计划，联盟号飞船的活动范围就此被限制于地球轨道。1991 年苏联解体后，联盟号的制造与发射转由俄罗斯联邦航天局掌握，其主要负责对和平号空间站与国际空间站的人员运输、物资补给。2011 年美国航天飞机全线退役后，直至 2020 年 5 月 31 日美国载人龙飞船发射成功之前，联盟号飞船一直都是航天员往返国际空间站的唯一运输工具。

图 1　联盟号飞船

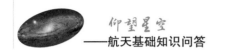

联盟号飞船的改进型号众多,其衍生出的其他航天器包括:探测器号、联盟号 T、联盟号 TM、联盟号 TMA、联盟号 MS 及进步号货运飞船等。

东方号飞船采用的是近地点只有 180 千米的低轨道,在这样低的高度上,地球大气还相对比较密集,对飞船轨道具有明显的衰减作用。即使制动发动机失灵,飞船也可以在 10 天内逐渐衰减降低轨道,最终以不太大的再入速度返回地面。由于速度较低,东方号的防热设计也较为容易。相比之下,要向更远的太空迈进的新型飞船的再入难度则要大得多,优化再入轨道和再入飞行器的外形也就成为了设计的重中之重。对此,设计人员提出了两种设计方案,一种是设计具有空气动力学的外形,能在跑道上着陆,另一种则采用弹道式再入方式。

20 世纪 60 年代初,苏联的设计人员大多认为将飞船设计成带机翼的飞机样式会导致质量太大,并需要较厚的隔热层,研制所需的费用也高得惊人,且由于结构复杂,研制周期也会较长。故而苏联采用了弹道再入方式。季洪拉沃夫领导的第一特别设计局第 9 部门的一个小组提出了"双浸入"再入轨迹,降低了再入速度,过载为航天员可以承受的 3~4 g。

起初,科学家们设想了三种外形方案:分段球形、带梭状物的球形和切开的球形。第一特别设计局第 11 部门的罗辛小组提出了类似大钟的钝头形设计并且得到采纳,这种形状会增加飞船再入时的阻力,并能避免产生过高的温度和过载。后来联盟号飞船均采用了这种形状的返回舱。

下一步需要确定的是飞船返回舱的着陆方式。由于苏联有辽阔的国土面积,因此在苏联本土着陆最为理想。设计人员设想过采用直升机旋翼、火箭、弹射座椅和可吸收冲击的气囊等多种手段,最后还是决定使用固体火箭与降落伞相配合的着陆方法。当时,要完成苏联更远大的登月梦想,用火箭直接发射大载荷到月球还不现实。因此,科学家提出了用苏联当时最成熟的 R-7 火箭多次发射,将不同的飞行器送入地球轨道并完成对接,形成组合飞行器,再飞往月球的方案,这一计划被认为具有可行性。

在这一设想中,飞船的在轨对接顺序为:载人的东方 7 号飞船发射升空,然后再将无人火箭顶舱发射入地球轨道，载人的东方 7 号与该火箭顶舱交会对接。然后抛弃火箭下部的环状保护结构，露出对接系统准备与下枚火箭进行对接。重复进行，直到在轨组装完成一个四舱段的组合飞行器——东方 7 号和三枚火箭。随后发射携带 1~3 名登月航天员的飞船，与组合飞行器对接。东方 7 号在探月飞船到达后分离。火箭接着逐级点火，将飞船推入月球轨道。

1962 年，科罗廖夫签署了名为"地球卫星轨道上的空间飞行器对接成组合体"的科技计划说明书，计划代号"联盟"。计划中，除了需要创造一个载人空间站和研制出一艘能绕月飞行的飞船，还需要建立一个全球通信卫星系统。

设计人员吸收了东方号和同期其他方案中取得的经验，提出了称为联盟 7K 的设计方案。除了沿用之前设计方案中的钟形返回舱和圆柱形推进舱设计，还从探月飞船方案中借鉴了轨道舱设计，形成了三舱结构。初期的联盟号飞船设想由此基本完成。

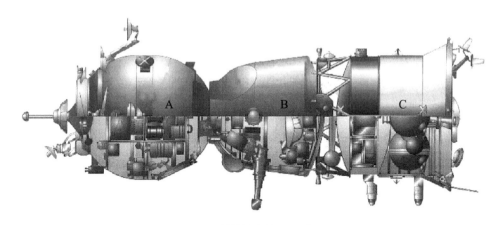

图2　三舱结构的联盟号示意图

1962 年 12 月 24 日，科罗廖夫提出了包括搭载两名航天员的联盟 7K、月球外入射级 9K 和推进级 11K 的新联盟号飞船方案。虽然设计局内部和政府方面都有反对的声音，但科罗廖夫还是对他的新技术充满信心，期望能借助这一"联盟号组合体"方案在美国之前将航天员送上月球。

联盟 7K 全长 7.7 米，总重 5500~5800 千克，主体为三舱结构：圆柱形非

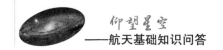

密封仪器舱、钟形密封返回舱和圆柱形居住舱。联盟 7K 并未安装气闸舱门，因此航天员无法进行出舱活动。无人单级火箭联盟 9K 全长 7.8 米，重 5700 千克。推进级联盟 11K 长 4.2 米，满载推进剂时重 6100 千克。

在绕月飞行任务中，首先发射联盟 9K，联盟 9K 到达预定轨道后立刻发射联盟 11K 为之补充推进剂，总共要发射 4 枚联盟 11K。推进剂补充满后，联盟 7K 飞船升空并与联盟 9K 对接，联盟 9K 执行轨道机动将联盟 7K 送入地月转移轨道并脱离。联盟号飞船完成绕月飞行后返回地球，三舱分离，返回舱再入，其他舱段在大气层中焚毁。

组合体的技术难点在于交会对接。如果计划过程中使用的火箭推力足够大，就不必进行多次交会和对接。因此苏联还开发了大推力的 N1 运载火箭，不过，同时进行两个登月项目似乎得不偿失，资源不集中使单个项目的研制实力都有所削弱，造成了预算吃紧，直接导致联盟计划资金短缺。在当时，美苏两国的登月计划已成为一场关系国家荣誉的竞赛。不过科罗廖夫的登月计划并未得到官方的足够支持。科罗廖夫在 1963 年提出了与登月计划相联系的五个重要方案设想：

1）联盟联合体绕月计划，需要进行 6 次发射；

2）13K 月球车，需使用联盟号组合体 9K 和 11K 进行 6 次发射；

3）载人登月，需修改联盟 7K 的设计并额外携带单独的登月舱，该计划将会用到 N1 运载火箭；

4）使用改进后的联盟 7K 进行绕月飞行，需发射 1 枚 N1 火箭；

5）月球车，需发射 1 枚 N1 火箭。

1964 年春，联盟 7K 经过重新设计后的首个样机被制造出来，位于诺金斯克的中央研究院也安装了一台相对应的全尺寸航天员训练器，联盟 9K 和 11K 的 1：30 缩比模型也同时完成，用于交会对接模拟训练。1964 年 9 月 26 日，一个用来确定空气动力学特性的联盟号飞船模型被发射上天，由于结构表面启动负载过大，发射后 30 多秒钟，模型就凌空解体了。

1964 年 7 月，第一特别设计局的竞争对手第五十二设计局（即切洛梅设计局）被授权实施绕月飞行计划（使用 UR-500 质子号运载火箭发射 LK-1 载人飞船），L1 联盟联合体绕月计划未受青睐。第一特殊设计局主要将精力集中到了 L3 载人登月项目上，不过设计局仍未放弃 L1 计划，最后 L1 衍生成为了著名的探测器计划。

使用 N1 火箭的 N1/L3 登月计划的实施过程与美国的阿波罗计划类似，具体为：N1 火箭先将搭载两名航天员的联盟 7K 飞船送入地球轨道，然后再点火进入月球轨道。任务指令长从轨道舱出舱，通过太空行走转移至登月舱，然后登月舱分离，发动机点火登陆月球。降落后，指令长将外出收集样品。24 小时后，登月舱从月球表面发射，与轨道舱交会对接，指令长再次进行舱外转移，最后发动机点火飞回地球。

图 3　联盟号飞船对接停靠和平号空间站

按此计划，对接和舱外转移就成为了登月必须解决的技术问题。而且，具备这种能力的联盟 7K 飞船不仅可以用来登月，而且在地球轨道同样非常有价值。1965 年，改进并获得了这种能力的联盟 7K 被命名为联盟 7K-OK（轨道飞船），即通常所说的联盟原型。

轨道飞船的军事用途不言而喻，第一特别设计局提出过联盟号拦截器计

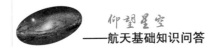
划，可以用来在高轨道上拦截敌方卫星，设想中飞船上安装有火箭模块，具有很好的轨道机动能力。利用联盟 7K-OK 充当载人侦察空间站和轨道科研站也是相当现实的设想，都进行了有关的研制工作。

1965 年 10 月 25 日，由于第五十二设计局迟迟未能取得进展，第一特别设计局的联盟号 L1 飞船被用来取代 LK-1 飞船。计划仍保留了质子号运载火箭。12 月 31 日，两家设计局达成一致意见，决定为绕月飞行建造 14 艘 L1 飞船。由于质子号运载火箭发射能力有限（比 R-7 系列略高，但却比后者重得多），加之与美国竞争时间紧迫，未完成绕月任务，设计师只好在降低飞船质量上做文章，为此，联盟号组合体取消了轨道舱和其他一些绕月飞行不需要使用的装置，并进行了相应的改动，以最大限度地降低质量，人员也从 3 人减少到 2 人。

按照计划，L1 飞船将在 1966 年第 3、4 季度各造一艘，其他飞船在 1967 年前三个季度开工建造，首次发射原定于 1966 年年底进行，联盟号即将向宇宙迈进，不过这些科罗廖夫已无法看见，他于 1966 年 1 月 14 日病逝，未能亲眼看见联盟号飞船升空时的壮观场景。

而探测器计划——此时还只是绕月计划，并未向更远的太空延伸——在 1967~1970 年间共进行了 13 次飞行试验，尽管其中有几次失败，但苏联成功实现了绕月飞行，拍摄了月球背部的照片并携带了生物上太空，进行了载人登月的前期准备。不过期间美国人抢先登上了月球，使得苏联绕月飞行的成就显得逊色了很多，苏联政府也就未在载人飞船登月项目上继续冒险。在美国完成阿波罗登月任务的 1 年多后，1970 年 9 月，苏联月球 16 号无人探测器成功将月球土壤带回地球，为在月球竞赛中落后的苏联挽回一些颜面，从另一角度讲，此时苏联再进行载人登月的意义至少在短期内已经不那么大了。

在 1971 年到 1981 年间，共有 33 艘联盟号飞船执行了运输和其他飞行任务，充分证明了其多用途能力。在这些任务中，最引人注目的莫过于 1975 年联盟 19 号飞船与美国的阿波罗 18 号飞船进行的空中对接任务。尽管美苏两个超级大国在冷战时互视对方为竞争对手，但和平探索太空一直是双方许多航天人的心愿。

图4　联盟 TMA-6 飞船

1975 年 7 月 15 日，在地球的东西方各有一枚火箭发射升空。7月17日，联盟 19 号飞船与美国阿波罗 18 号飞船成功地在地球轨道实现了对接，这次历史性的对接被誉为"太空握手"，在靠近时，美苏航天员用对方的语言进行交流。对接舱的舱门打开后，苏方指令长列昂诺夫和美方指令长斯坦福德互致问候并热烈握手。双方航天员还互相参观了对方飞船并逗留了好几个小时，甚至一起共享午餐。7月18日，两国航天员一起主持了向全世界直播的电视节目。"太空握手"虽然短暂，但给人类共同推进航天事业带来了明媚的阳光，也在两国航天人之间架起了合作的桥梁。

参考文献

［1］　R.D. 霍尔，D.J. 谢勒 . 联盟号飞船［M］. 北京：中国宇航出版社，2006.

［2］　程德 . 征天的历程俄罗斯联盟号飞船的坎坷与辉煌（升腾篇）［J］. 航空档案，2008（11）：24-31.

［3］　Vladimir Komarov and Soyuz 1.NASA.2013-04-23.

［4］　Chronicle of Societ-Russian Space Program. 俄罗斯联邦航天局 .

［5］　"联盟号"飞船一票天价 . 新华网 .

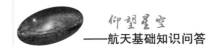
相关链接

联盟号火箭故障——两名航天员从逃逸塔逃生成功

2018 年 10 月 11 日，载有两名航天员的俄罗斯联盟号 MS-10 飞船在哈萨克斯坦拜科努尔发射升空时出现故障。飞船上的俄罗斯航天员阿列克谢·奥夫奇宁和美国航天员尼克·黑格紧急启动逃逸系统，在哈萨克斯坦紧急降落后生还。

逃逸系统在飞船的顶部，从远处看像是火箭上的避雷针，与一般火箭圆锥形的头部很不相同。它的任务是在起飞前 15 分钟到起飞后 160 秒时间段内，也就是飞行高度在 0 千米至 110 千米时，万一火箭发生故障，它的顶端的 11 个火箭推进器可以拽着整流罩里的轨道舱和返回舱与火箭分离，并降落在安全地带，帮助飞船上的航天员脱离险境。

45 中国巡天"利器"——神舟飞船

神舟飞船是中国自行研制，具有完全自主知识产权，达到或优于国际第三代载人飞船技术的飞船。神舟飞船采用三舱一段式结构，即由返回舱、轨道舱、推进舱和附加段构成，由 13 个分系统组成。

神舟飞船与国外第三代飞船相比，具有起点高、具备留轨利用能力等特点。神舟飞船由专门为其研制的长征二号 F 火箭发射升空，发射基地是酒泉卫星发射中心，回收地点在内蒙古中部的四子王旗着陆场。

神舟飞船的轨道舱是一个圆柱体，总长度 2.8 米，最大直径 2.27 米，一端与返回舱相通，另一端与空间对接机构连接。轨道舱被称为"多功能厅"，因为几名航天员除了升空和返回时要进入返回舱以外，其他时间都在轨道舱里。轨道舱集工作、吃饭、睡觉和清洁等诸多功能于一体。

为了使轨道舱在独自飞行的阶段可以获得电力，轨道舱的两侧安装了太阳能电池板，每块电池板除去三角部分面积为 2.0 米 × 3.4 米，轨道舱自由飞行时，可以由它提供 0.5 千瓦以上的电力。轨道舱尾部有 4 组小的推进发动机，每组 4 个，为飞船提供辅助推力，使轨道舱分离后继续保持轨道运行的能力；轨道舱靠近返回舱一侧有一个圆形的舱门，为航天员进出轨道舱提供了通道。不过，该舱门的最大直径仅 65 厘米，只有身体灵巧、受过专门训练的人才能进出自由，舱门的上面有轨道舱的观察窗。

轨道舱是飞船进入轨道后航天员工作、生活的场所。舱内除备有食物、饮水和大小便收集器等生活用品外，还有空间应用和科学实验用的仪器设备。返回舱返回后，轨道舱相当于一颗对地观察卫星或太空实验室，它将继续留在轨道上工作半年左右。轨道舱留轨利用是中国飞船的一大特色，俄罗斯和美国飞船的轨道舱和返回舱分离后，一般是废弃不用的。作为航天员的"太空卧室"，轨道舱的环境很舒适，舱内温度一般在 17~25 摄氏度之间。

返回舱又称座舱，长 2.50 米，最大直径 2.517 米。它是航天员的"驾驶室"，

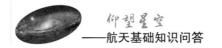

是航天员往返太空时乘坐的舱段，为密闭结构，前端有舱门。神舟飞船的返回舱呈钟形，有舱门与轨道舱相通。返回舱是飞船的指挥控制中心，内设可供 3 名航天员斜躺的座椅，供航天员上升和返回阶段乘坐。座椅前下方是仪表板、手控操纵手柄和光学瞄准镜等，显示飞船上各分系统仪器设备的状况。航天员通过这些仪表进行监视，并在必要时控制飞船上各分系统仪器设备的工作。轨道舱和返回舱均是密闭的舱段，内有环境控制和生命保障系统，确保舱内充满一个大气压力的氧氮混合气体，并将温度和湿度调节到合适的范围，确保航天员在整个飞行任务过程中的生命安全。

另外，返回舱安装了供着陆用的主、备两种降落伞。神舟飞船的返回舱侧壁上开设了两个圆形窗口，一个用于航天员观测窗外的情景，另一个供航天员操作光学瞄准镜观测地面。返回舱的底座是金属夹层密封结构，上面安装了返回舱的仪器设备，该底座质量轻便，且十分坚固，在返回舱返回地面进入大气层时，保护返回舱不被炽热的大气烧毁。

推进舱又叫仪器舱或设备舱。推进舱长 3.05 米，直径 2.50 米，底部直径 2.80 米。安装推进、电源、轨道制动系统，并为航天员提供氧气和水。

它呈圆柱形，内部装载推进系统的发动机和推进剂，为飞船提供调整轨道、姿态，以及制动减速所需要的动力，还有电源、环境控制和通信等系统的部分设备。推进舱两侧各有一对太阳翼，除去三角部分，太阳翼的面积为 2.0 米 ×7.5 米。与前面轨道舱的太阳翼加起来，产生的电力相当于联盟号的 3 倍，平均 1.5 千瓦以上。这几块太阳翼除了所提供的电力较大之外，还可以绕连接点转动，这样不管飞船怎样运动，它始终可以保持最佳对日方向以获得最大电力，免去了"翘向太阳"所要进行的大量机动，这样可以保证飞船在太阳能电池板对日定向的同时进行不间断地对地观测。

推进舱的尾部是飞船的推进系统。主推进系统由 4 个大型主发动机组成，它们在推进舱的底部正中。在推进舱侧裙内四周又分别布置了 4 对调整姿态用的小推进器，说它们小是和主推进器比，与其他辅助推进器比，它们要大很多。另外，推进舱侧裙外还有辅助用的小型推进器。

附加段也叫过渡段，是为将来与另一艘飞船或空间站交会对接做准备。

在载人飞行及交会对接前，它也可以安装各种仪器用于空间探测。

神舟飞船目前已经进行过多次载人飞行，而中国的新一代载人飞船试验船也于 2020 年 5 月 5 日由长征五号 B 运载火箭发射入轨，并于 5 月 8 日返回东风着陆场，试验取得圆满成功。2021 年 6 月，长征二号 F 运载火箭搭载神舟十二号载人飞船在酒泉卫星发射中心发射成功。

参考文献

［1］ 百度百科.神舟飞船［EB/OL］.［2020-11-18］.https：//baike.baidu.com/item/ 神舟飞船.

［2］ 庞之浩.飞天梦想——"神舟"系列载人飞船［J］.太空探索，2007（3）：12-17.

［3］ 戚发轫，张柏楠，郑松辉.神舟五号载人飞船的研制与飞行结果评价［J］.航天器工程，2004（1）：1-14.

［4］ 李颐黎，戚发轫."神舟号"飞船总体与返回方案的优化与实施［J］.航天返回与遥感，2011（6）：1-13.

［5］ 宗树.中国航天的新高度——神舟八号与天宫一号实现首次交会对接纪实［J］.国防科技工业，2011（11）：47-49.

相关链接

长征二号 F 火箭

长征二号 F 运载火箭是由中国运载火箭技术研究院抓总，在长征二号捆绑运载火箭的基础上，按照发射载人飞船的要求，以提高可靠性、确保安全性为目标研制的运载火箭。火箭由四个液体助推器、芯一级火箭、芯二级火箭、整流罩和逃逸塔组成，全长达 58.34 米，是目前我国所有运载火箭中最长的火箭，可靠性指标为 0.97，安全性指标为 0.997。火箭首次采用垂直总装、垂直测试和垂直运输的"三垂"测试发射模式。长征二号 F 火箭自 1992 年开始研制，1999 年 11 月 20 日将中国第一艘无人飞船"神舟一号"送入太空。因多次成功发射神舟系列飞船并被央视直播报道其发射过程，长征二号 F 火箭已成为中国长征系列运载火箭家族中的"明星"火箭。

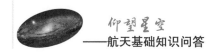

46 可重复使用的太空穿梭机——航天飞机

成功完成"阿波罗"登月计划后，NASA 开始准备又一个太空计划——航天飞机。NASA 认为，运载火箭的研制虽然很顺利，但却是"一次性"的，使用运载火箭发射载人航天器，火箭不能反复使用。因此他们想要开始建设一种可以重复使用的运载工具，这样可以大大减少在运载方面的花费。而航天飞机既能载人也能载物，可以重复利用从而降低成本，于是美国开始了他们的航天飞机计划。

但美国进行航天飞机计划时，政府的支持并不稳定，在这样的政治影响和不断的资金削减下，航天飞机的研制工作在艰难中发展。就连设计方案都因为研制费用原因而大改了多次，航天飞机的设计和性能与最开始的构想有了很大的缩水。尽管如此，NASA 的第一架航天飞机最终取得了成功，1981年，航天飞机执行了第一次太空任务：第一架航天飞机哥伦比亚号首次升空，进行了为期两天的飞行，并成功验证了它安全发射与降落返回的能力。

挑战者号航天飞机是美国正式使用的第二架航天飞机。"挑战者"号原本作测试使用，但在它完成初期的测试任务之后，被改装成正式的运载工具，并于 1983 年 4 月 4 日执行首次任务。然而，1986 年 1 月 28 日，"挑战者"号在执行第 10 次太空任务时，因为右侧固体火箭推进器上面的一个 O 形环失效，导致连锁反应。升空 73 秒后，"挑战者"号爆炸，机上 7 名航天员全部丧生。这是航天史上最大的事故之一。

美国第三架服役的航天飞机"发现"号在 1984 年 8 月 30 日进行了首次飞行，负责进行各种科学研究，作为国际空间站计划的支援。2011 年 2 月 24日，"发现"号在美国佛罗里达州卡纳维拉尔角发射中心发射升空，展开它的谢幕之旅，3 月 7 日，"发现"号航天飞机脱离国际空间站，9 日在肯尼迪航天中心安全着陆，结束了近 27 年的服役期。

图 1 "挑战者"号最后一次飞行的全体成员（左），"挑战者"号爆炸（右）

2010 年年初，NASA 正式决定将日渐老化的航天飞机全部退役。促使这一决定执行的是哥伦比亚号航天飞机在返程途中解体。哥伦比亚号航天飞机事件是继 1986 年"挑战者"号事件之后的第二次严重的航天飞机失事事件。2003 年 1 月 16 日，哥伦比亚号航天飞机发射升空，执行它的第 28 次飞行任务。NASA 在对发射录像进行分析时，注意到一块脱落的材料碎片似乎击中了航天飞机的左侧机翼。在航天员们太空停留的 16 天期间，NASA 则在评估发射时航天飞机隔热材料的脱落可能造成的影响。事故后的调查显示，NASA 当时内部有些声音建议，出于谨慎，应当在轨道上对航天飞机的机翼受损情况拍摄高清图像进行进一步的深入分析。甚至当时美国国防部还曾经向 NASA 主动建议利用他们的卫星对航天飞机进行详细拍摄。然而 NASA 相关负责人婉拒了这些好意，认为并无必要。这一决定最终产生了严重后果。2003 年 2 月 1 日，哥伦比亚号航天飞机开始按照常规程序返回地球。然而在美国东部时间上午 9 时左右，任务控制中心注意到了异常。航天飞机左侧机翼的温度传感器数据消失了。紧接着航天飞机左侧胎压数据也消失了。当天晚些时候，NASA 正式对外宣布，哥伦比亚号航天飞机已经失事，7 名航天员不幸遇难。时任 NASA 局长西恩·奥基夫（Sean O'Keefe）发表讲话，他说："这是美国国家航空航天局大家庭悲伤的一天，这是执行 STS-107 任务的航天员家庭悲伤的一天，这也是整个国家悲伤的一天。"

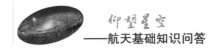

从此之后，发现号、奋进号与亚特兰蒂斯号航天飞机一个接一个上演谢幕之旅。2011年7月21日，亚特兰蒂斯号航天飞机在佛罗里达州肯尼迪航天中心安全着陆，结束其谢幕之旅，这意味着美国30年的航天飞机时代宣告终结。

值得一提的是，苏联是除美国之外第二个发展航天飞机的国家，并且成功将航天飞机发射入轨进行测试。1988年11月15日，苏联用能源号运载火箭将无人驾驶的暴风雪号航天飞机送入250千米高的预定轨道，前后约用了47分钟的时间。"暴风雪"号自动绕地球飞行两圈，在轨道上运行3小时后，按预定计划于当天9时25分返回地面并准确降落。"暴风雪"号的首次飞行获得了圆满成功。

图2　暴风雪号航天飞机

然而，1988年首飞后，投入"暴风雪"号计划的资金基本耗尽。1991年，苏联军方停止了对航天飞机计划的拨款与支持。苏联解体后，航天飞机计划更是彻底失去了经济支持。1993年，暴风雪号航天飞机机身的设计者被迫承认，"暴风雪"号计划就此结束。

参考文献

［1］ 百度百科.航天飞机［EB/OL］.［2020-11-18］.https：//baike.baidu.com/item/ 航天飞机.

［2］ 吴国兴.空间站和航天飞机［M］.北京：中国宇航出版社，2003.

［3］ 李成智，郑晓齐.中国载人航天工程决策过程中航天飞机与载人飞船之争［J］.科技导报，2010（1）：143-146.

［4］ 阿米里扬茨，于冬敏，周毅."暴风雪号"航天飞机的首次飞行——亲历"暴风雪号"的发射与着陆［J］.航空知识，2004.

［5］ 国防科工委情报研究所.挑战者号航天飞机失事调查报告［M］.1986.

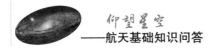

47 太空中的"家"——空间站

我们与太空的交流不仅可以通过运载火箭和航天飞机，还可以通过建在太空中的空间站。空间站又称作太空站、航天站，是一种在近地轨道长时间运行，可供多名航天员巡访、长期工作和生活的载人航天器。

空间站体积较大，在轨道飞行时间较长，能支持航天员在里面开展各种太空科研项目，相当于人类在太空中建立的"家"。

1969年，阿波罗11号飞船成功登上了月球，苏联和美国竞争登月失败后，为了在下一轮竞赛中获得主动，决定全力以赴地发展空间站，以展示他们的航天实力，争取优先开发太空资源。1970年，苏联开始了礼炮号空间站的研究工作。

礼炮号空间站计划是苏联历时最长的一项载人航天计划。1971年，"礼炮1号"成功发射入轨，并在轨道上运行了半年左右，它是人类历史上的首个空间站。1971年4月19日至1982年4月11日的11年间，苏联一共发射了7座礼炮号空间站。前5座空间站都只有一个对接口——只能与一艘飞船进行对接。而因为空间站内携带的食品、氧气、推进剂等物资有限，要完成为期两年的载人轨道飞行，成为当时一个棘手的问题。经过改进的礼炮6号、7号空间站是第二代空间站，它们增加了一个对接口，除了可以与联盟号载人飞船对接外，还可以与进步号货运飞船对接，用来补充航天员所需要的物品。这样，空间站、载人飞船和货运飞船三者成为一个和谐的空间，给人类提供可以长期进行在轨研究的条件。礼炮6号空间站连续多年在轨运行，不断刷新航天员在空间逗留时间的纪录，显示出空间站作为空间科研基地所具有的重大价值。

和平号空间站也是苏联建造的一个轨道空间站。1986年，苏联发射了和平号空间站的核心舱，并且在接下来的十年不断向太空运送空间站的其他部分，并在太空进行组装，最后于 1996 年建成。和平号空间站服役十余年，2001 年停止工作。在和平号空间站工作期间，它为包括美国在内的许多国家提供了服务，其中美国航天飞机"亚特兰蒂斯"号、"奋进"号和"发现"号 1995 年至 1998 年期间先后 9 次与和平号空间站对接，美国的航天员在空间站内进行了许多实验，开展了两国继 1975 年阿波罗 18 号飞船与联盟 19 号飞船空间交会对接后更为广泛深入的国际航天合作。

图 1　礼炮号空间站（左）与和平号空间站（右）

截至 2020 年，仍然在轨的国际空间站由以美国、俄罗斯为首，包括加拿大、日本、巴西在内的 16 个国家参与研制，各个国家分工建造，共同使用。在国际空间站计划中，先将主要的货物舱模块送入太空，随后再陆续发射其他的模块进行补充。国际空间站作为国际的太空联合计划，也成为了国际合作进行太空开发的标志。国际空间站就像是太空中的联合国，大家共同合作，共同进步。组装成功后的国际空间站作为人类用来进行科学研究和开发太空资源的手段，能为人类提供一个长期在太空中进行各种研究的机会。国际空间站自 1998 年 11 月第一个模块舱发射升空，至今已经运行了 20 多年，寿命一再延长，目前来看至少要工作到 2024 年。

图2　国际空间站

　　尽管国际空间站被称为是太空中的联合国，但中国一直被排斥在外。长期以来，以美国为首的西方国家禁止中国参与国际空间站的建设，也禁止中国航天员登上国际空间站。即便如此，中国航天的发展也没有因封锁而停止。面对西方的航天封锁，中国科学家从零开始，通过数十年的努力，最终迈入航天大国之列。2011 年 11 月 1 日，中国的神舟八号飞船顺利升空，与已经在轨的天宫一号空间实验室成功对接。这意味着，关于建设空间站的核心技术，中国已经全部掌握。2021 年 4 月 29 日，长征五号 B 运载火箭搭载空间站天和核心舱，在文昌航天发射场发射升空。

参考文献

［1］　晓春.礼炮号航天活动一瞥［J］.国外导弹与宇航，1982（5）：38-39.

［2］　晓阳."和平"号空间站——俄罗斯人的骄傲［J］.发明与革新，2000（7）：35-36.

［3］　一粟.和平号空间站［J］.世界知识，1999（4）：15.

［4］　杰弗里斯，D.国际空间站［M］.杭州：浙江教育出版社，2011.

［5］　郑昊.天宫二号，苍穹之上的实验室［J］.上海信息化，2016（12）：18-19.

48 中国的太空驿站

1992年9月21日，我国正式批准了实施中国载人航天工程，确定了载人航天"三步走"的发展战略：第一步，发射载人飞船，建成初步配套的试验性载人飞船工程，开展空间应用实验；第二步，突破航天员出舱活动技术、空间飞行器交会对接技术，发射空间实验室，解决有一定规模的、短期有人照料的空间应用问题；第三步，建造空间站，解决有较大规模的、长期有人照料的空间应用问题。

"天宫一号"是中国的第一个空间实验室。"天宫一号"于2011年9月29日21时16分03秒在酒泉卫星发射中心由长征二号F运载火箭成功发射，飞行器由实验舱和资源舱构成。"天宫一号"的主要任务有：与"神舟八号"配合，完成空间交会对接飞行试验；保障航天员在轨期间的生活和工作，保证航天员的安全；开展各种实验；初步建立短期载人、长期无人独立可靠运行的空间实验平台，为之后建造空间站积累经验。"天宫一号"的发射标志着中国已经迈入中国航天"三步走"战略的第二步第二阶段，同时，这也是中国空间站建设的起点，标志着中国已经初步拥有建立空间站的能力。

2011年11月3日凌晨，"天宫一号"实现与"神舟八号"的对接。2012年6月18日下午，与"神舟九号"对接成功。"神舟十号"也在2013年6月13日下午与"天宫一号"完成自动交会对接。2016年3月16日，天宫一号目标飞行器正式终止数据服务，完成了它的历史使命。2018年4月2日8时15分左右，天宫一号目标飞行器受控坠落，残骸落入南太平洋中部区域。

在神舟九号载人飞船执行任务过程中，它与天宫一号进行了两次交会对接，第一次为自动交会对接，第二次由航天员手动控制完成。手动交会对接是自动交会对接异常后的应急手段，是载人航天安全发展的必需。而手动交会对接的

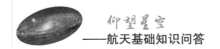

成功，说明我国进一步掌握了关键技术。不仅如此，"神舟九号"载着三位航天员，其中航天员刘洋成为中国首位参加载人航天飞行任务的女航天员。

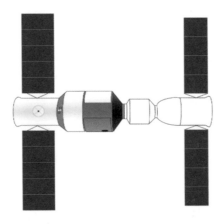

图1 天宫一号（左侧）和神舟飞船（右侧）对接示意图

图2 神舟九号三名航天员，左起分别为景海鹏、刘旺、刘洋

关于"天宫一号"，不得不提的还有"神舟十号"女航天员王亚平的太空授课。此次太空授课主要面向中小学生，使中小学生能了解失重条件下物体运动的特点，加深对质量、重量和牛顿定律等基本物理概念的理解。航天员王亚平进行了在轨讲解和实验演示，并与地面上的师生进行了双向互动交流。这成为神舟十号飞船飞行任务的一大亮点。航天员王亚平也成为中国的

第一位"太空老师"，我国成为继美国之后第二个完成太空授课的国家。此次太空授课不仅提升全民对航天的兴趣，也意味着中国已经可以对地球以外的航天器进行至少40分钟的实时监控。

2016年9月15日22时4分9秒，天宫二号空间实验室在酒泉卫星发射中心发射成功，并在10月19日与神舟十一号飞船自动交会对接成功。"天宫二号"是继"天宫一号"后中国自主研发的第二个空间实验室，也是中国第一个真正意义上的空间实验室，用来进一步验证空间交会对接技术并进行一系列空间试验。2017年4月20日，长征七号运载火箭发射天舟一号货运飞船，4月22日与天宫二号空间实验室对接，开展推进剂补加等相关试验。2019年7月19日，天宫二号受控离轨并再入大气层，标志着中国载人航天工程空间实验室阶段全部任务圆满完成。

其实在原先的规划里，我国是要发射天宫二号和天宫三号两艘空间实验室的。但为了加快工程步伐，减少经费，将天宫二号和天宫三号的任务合并到了一起完成。将交给天宫三号的任务——开展地球观测和空间地球系统科学、空间应用新技术、空间技术和航天医学等领域的应用和试验等交给了天宫二号继续完成。

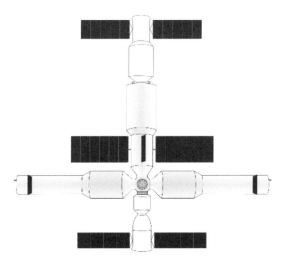

图3　中国空间站示意图

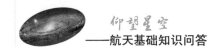

这一切都是为了中国自己的空间站搭建。2021年6月17日，神舟十二号载人飞船成功对接于天和核心舱前向端口，与此前已对接的天舟二号货运飞船一起构成三舱组合体。

参考文献

［1］　张曼倩.硕果累累的中国载人航天［J］.国际太空，2019（9）.

［2］　王奉安."天宫一号"面面观［J］.环境保护与循环经济，2011（10）.

［3］　刘宗映.神舟九号与天宫一号实现中国首次载人空间交会对接［J］.科学，2012，64（4）：50.

［4］　范学芝.王亚平：中国太空授课第一人［J］.金融经济，2013.

49 中国航天员是如何选拔的？

既然人类要进入太空，那么，什么样的人能成为航天员呢？我国的航天员又是如何选拔的呢？你是否有成为一名航天员在太空遨游的梦想呢？

要成为一名航天员，首先一定要有很好的身体素质。航天员在进入太空或返回地面的过程中，要克服航天器飞行时的力学环境、太空的物理环境和航天器的狭小空间环境等特殊环境下的重重困难。为了适应这种环境的考验，航天员的身体和综合素质十分重要。除此之外，还要求航天员有很高的科学文化知识水平，以便可以承担复杂的航天任务。航天员还应该有很强的工作能力和丰富的工作经验，只有这样，才能独立及时地处理险情。

当然，要使航天员具有上面说到的素质，还需要经过选拔和培训两个步骤才行。专家会根据航天任务及其对各种类型航天员不同的要求，制定相应的选拔项目和内容。

一旦通过选拔，中国航天员的训练分为 3 个阶段。第 1 阶段是基础理论培训。在这个阶段，航天员要学习火箭和飞船的设计原理等各种专业课知识。第 2 阶段是专业技能训练。在这段时间航天员要通过训练来熟悉飞船的结构、组成，掌握飞船各系统的工作原理和模式，甚至要掌握重要组件和机器的情况。第 3 阶段是飞行程序和任务训练。航天员们要在真实的模拟条件下，模拟实景掌握具体操作。在这个阶段，航天员们能学到如何发现和排除危险，接触到一系列可能出现的危险情况并加以解决。而事实上这 3 个阶段的学习一般需要 3~5 年的时间。在训练中，他们还要奔赴各种恶劣环境，与搜救队配合演习。像体能训练、特殊生理功能训练等将一直伴随在 3 个学习阶段中。只有身体条件足够好，才有可能成为未来的航天员。

当然，训练风险仍然存在，其中最危险的有两个训练内容。第一个是舱外航天服试验舱的低压训练。训练中，航天员要穿着舱外航天服在压力为

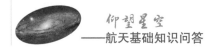

10 帕以下的环境中进行抽真空的训练，此时，一旦舱外航天服有问题或者设备有问题又或者是人为操作失误，都可能使航天员面临危险。第二个是模拟失重训练。航天员需要身穿 120 多千克的舱外航天服在 10 米深水下的模拟失重环境中进行出舱活动程序训练，一旦出现问题，可能出现溺水或减压病等危险。减压病，就是在常压或加压时，身体组织和血液中会有一些氮气溶解进去，而在减压情况下，溶解在身体组织和血液中的氮气会释放出来，形成气泡，从而产生疼痛感，甚至带来较大的危险。为了避免减压病的发生，航天员在训练过程中和出舱活动中采取了一些防护措施。例如在出舱程序中设计了吸氧排氮的程序，将舱外航天服里的空气用纯氧置换，然后吸氧排氮，尽量把航天员身体组织和血液中的氮气排出来，这样即使暴露在低压环境下也不会产生危险。

图 1　航天员出舱活动示意图

1992 年中国载人航天工程正式启动至今，中国先后选拔了两批航天员，目前已有 12 名航天员（17 人次）上过天。早期的航天员选拔都从空军飞行员或试飞员中选出，要求严格。而目前第三批航天员选拔则逐渐放宽标准，甚至不要求飞行员身份。在 2017 年全球航天探索大会上，航天英雄、中国载人航天工程办公室副主任杨利伟宣布了我国将启动第三批航天员选拔，杨利伟说："不仅要从空军的飞行员中选拔出航天驾驶员，还要从航空航天相关技术的专业领域中选出工程技术人员担当航天飞行工程师。"这意味着工程师型的航天员将会成为第三批的选拔目标之一，选拔要求的变化让神秘的航天员职业距离普通人不再遥不可及。或许，有这个梦想的你，从现在开始就可以为这个梦想而努力了！或许在未来的某天，你也将实现自己的梦想，飞上太空！

参考文献

［1］ 紫晓 . 航天员如何选拔和训练？［J］. 科学新闻，2003（22）：47-48.

［2］ 王德汉 . 航天员选拔的回顾与启示［J］. 航天医学与医学工程，1995（7）：145-150.

［3］ 我国第三批预备航天员选拔工作正式启动［J］. 航天员，2018（3）：9.

50 揭秘太空生活的神秘面纱

古时候，人类对天空充满了想象，幻想着天上住着各种各样的神灵，想象着他们以不同于普通人的方式生活在天上。随着时间的推移，人类对太空的好奇心越来越强，甚至想象着自己是否能在太空中生活。时至现在，随着科技的不断发展，人类已经成功实现了飞向太空并在太空短暂生活的梦想。那真实的太空生活是否和我们想象的一样呢？

太空中的环境和人类所生活的地球表面的环境有着巨大的差异，如在温度、气压、湿度、光照、射线等方面。无论从哪个方面而言，人类都无法依靠自身能力在太空中生存。但随着科技的发展，很多问题都得到了解决。人类依靠智能化太空舱实现了在太空生活的目标，舱内可以自动调节温度、气压、湿度及空气成分，还能让空气不断流动，使舱内的生活环境尽可能与地球上相似。此外，通过太空舱的设备，人类不仅可以满足自身所必需

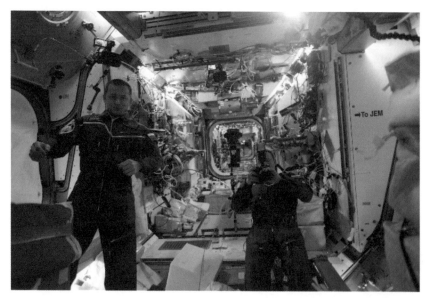

图1 空间站舱内环境

的食物、水分、睡眠等，还可以进行一些简单的文娱活动、观看电视等，甚至还可以栽培植物。

虽然依靠太空舱，人类可以在太空中生活，但太空生活依然和地球上的生活存在很大的不同，如最简单的饮食、行走、睡觉等，在太空中进行起来就变得非常奇妙，而且往往也很艰难。

就最普通的饮食而言，在地球上或许是最简单、最常见的一件事了，但对于太空中的航天员来说，这或许是一件不太容易的事。目前人类在太空中生活所需的食物都是从地面上带过去的航天食品，虽然本质上和普通食物没什么区别，但都是经过特殊处理的。航天食品具有体积小、重量轻、营养好、不含残渣等特点，通常被制成一口大小的球形或方形，既便于人类食用，又可以避免碎屑掉落在太空舱里。最初人类在太空中生活所能吃到的食物种类有限，但随着航天技术的发展，人类能带上太空的食物种类越来越多，在太空中生活也能吃到自己喜欢的食物。由于太空的环境是失重环境，在失重的条件下，如果滴出一滴水，它并不会像在地球上一样往下落，而是漂浮在空中，所以在太空中进食的方式和地面上有很大的不同。一般来说，为了避免食物、餐具等在太空舱中漂浮，都需要事先将其固定好。当需要进食时，需要将包装好的食物块取出，借助叉子和筷子控制住食物块往嘴里送，如果不借助叉子和筷子的话，那食物可能就飘走了；当需要喝水、汤、果汁之类的液体饮料时，则需要从特制的塑料袋或牙膏状的软铝管中一点一点往嘴里挤送。相比于在地面上，太空中的饮食方式显得很有趣。

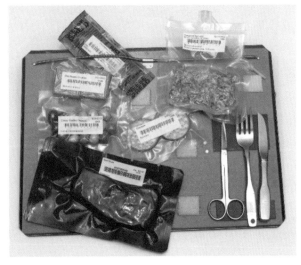

图 2　航天员在太空中的食物

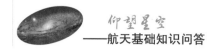

在太空中生活，人类可以完成很多不可思议的事，这让太空生活变得非常有趣。可以这么说，在太空中生活的每一个人都是一个"大力士"。这是因为在失重的条件下，人类可以非常轻松地搬起在地球上搬不起的重物，如美籍华人王赣骏在登上太空后，曾尝试只用一只脚勾起 400 千克重的仪器做自由转动，并且成功了。在失重的太空舱中，人类不能像在地面上一样站着或往前走，而是一直飘浮在太空舱中，如果借助太空舱上的固定点并施加一定的外力，则可以一直向前飘，犹如拥有武侠小说中的"轻功"一般。如果人类需要到太空舱外去，由于外太空中没有支撑点，所以行走时需要借助航天服上的助推器前进或后退。

图 3　在太空舱中"漂浮"的航天员

休息是每一个人都必须进行的一项活动，在太空中生活的人类也不例外，但在太空中休息和在地面上休息的感觉相差很大。众所周知，在地球上，一个昼夜有 24 小时，绝大多数人白天活动，晚上休息。但是在太空中生活，一个昼夜只有 90 分钟，这对于保持地球上作息时间的人类来说完全不适应。为了保证在太空中生活的人的睡眠质量，人类通过佩带眼罩强行让自己进入睡眠，或者利用灯光的强弱来模拟昼夜的变化以适应人类的作息习惯。此外，在失重环境下，人只能飘浮在空中睡觉，在睡觉的时候会感觉到自己的头部和躯体像分离了一样，这很容易让人产生恐惧感，从而无法入睡。例如苏联某航天员在睡觉时将手放在睡袋外面，醒后竟将自己飘在空中的手当成了"怪物"，吓出一身冷汗。最后，由于处于失重环境下，只要愿意，人类可以以任何姿势进行睡眠，可以是最常见的平躺、侧卧，也可以是站立、悬挂，甚至可以是倒立。通常人在太空中睡觉时需要进入睡袋，并且要将睡袋固定住，否则会因自己呼吸产生的推力让自己在太空舱中飘来飘去，成为所谓的"夜游神"。

图4 太空中工作的航天员

人类在太空中生活，同样也可以进行一些简单的运动，如在太空中可以进行踩小单车、在跑步机上跑步等；还可以在太空舱中种植一些植物，这不仅可以缓解在太空生活的压力，还能促进太空舱中的空气循环；人类在太空中生活，还可以看到非常壮观的景象，如从太空中远观蔚蓝色的地球、望不到尽头的太空等。

图 5   太空舱内种植的植物

随着科技的不断发展和进步，人类在太空中的生活也变得越来越精彩，越来越接近地面上的生活。或许在未来，人类能像科幻片中所描述的那样，制造出更先进的太空舱，开启人类新的太空生活。在新的太空舱中，同样存在重力、空气、气压、光照等，尽可能接近地球上的生活环境。人类生活在这里，就如同在地球上生活一样，一样的饮食方式、一样的作息时间、一样的运动方式等。不仅如此，人类还可以在太空中自由飘浮，体验失重的感觉。当然，这些仅仅是对未来太空生活的猜想，真正未来太空生活会是怎样的，让我们拭目以待吧。

参考文献

［1］ 曾翔龙，Ccmorion. 巡天遥看一千河——航天员的太空生活 ［J］. 百科探秘：航空航天，2019（12）：24-27.

［2］ 张传军，邱小林. 在太空，我这样生活和行走 ［J］. 卫星与网络，2013（6）：76-79.

［3］ 曹立新. 航天员神奇的太空生活 ［J］. 科技潮，2005（11）：54-55.

51 "太空握手"——航天器交会对接

　　建立在太空的空间站就如同人类在太空中建造的"房子"，但它并不像在地球上建房子那样用砖瓦或水泥一点一点堆积而成，而是相当于将一个个独立的房间拼凑而成。目前人类建立在太空的空间站，就是通过一节节的舱段拼接在一起而组成的。而这一过程中，航天器的交会对接技术起着尤为关键的作用。

图1　1966年人类首次载人空间交会对接（双子星座8号飞船与火箭第三级无人舱体进行对接）

　　航天器交会对接技术是发展空间技术的基础，它主要分为两部分：交会和对接。航天器的交会是指航天器之间在既定的飞行轨道上逐渐靠近的过程。航天器的对接是指交会后的航天器通过专门的对接机构组合成一个整体，从而实现真正的"太空握手"。交会对接根据航天员的介入程度和智能控制水

225

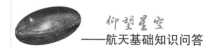

平可分为手控、遥控和自控三种方式。例如：1965 年 12 月，美国的双子星座 6 号和 7 号飞船就是在航天员的参与下实现了人类航天史上第一次有人交会对接；1984 年 4 月，挑战者号航天飞机采用遥控交会对接飞行操作在地球轨道上成功地跟踪并捕获已损坏的太阳峰年观测卫星；1987 年 2 月，苏联的联盟 -TM2 号飞船与在轨道上运行的和平号空间站则采用自动控制实现飞船和空间站之间的交会对接。

图 2　龙飞船与空间站对接

交会对接技术是人类探索太空的关键技术。它首先可以实现太空中航天器的相互帮助。当在太空中运行的航天器缺乏物资或发生故障而急需援助时，同样在太空中运行的航天器可以通过交会对接技术，与目标航天器相结合，从而给予及时的援助。如苏联的联盟 -15 号飞船就实现过在两个空间站间往返飞行并完成对接，被誉为世界上第一辆"太空公交车"。

其次，交会对接技术可以用于组建大型空间站。一般来说，空间站都比较庞大，就目前运载火箭的能力，根本无法将空间站一次性运到太空中，因此需要采用空间交会对接技术来建造。把要建造的空间站分成若干部分，陆续发射到同一高度的轨道上运行，再通过交会对接技术将其连接成一个整体，从而完成空间站的组建。如我国的"天宫一号"，于 2011 年 11 月与"神舟八号"成功交会对接，于 2012 年 6 月与"神舟九号"实现自动交会对接，于 2013 年 6 月与"神舟十号"成功交会对接。

交会对接技术还可以为长期运行的空间站运输人员和物资。通过空间交会对接，可以实现航天器和空间站的连接和停靠，从而保证空间站的长期运行。目前世界上所有的空间站都是采用这种方式运行。

图3　航天飞机通过交会对接为空间站运输人员和物资

最后，交会对接技术可以用来重构航天器。通过交会对接技术，可以使功能独立的航天器连接在一起，从而实现系统化。如阿波罗飞船在飞向月球过程中，先是登月舱在地球轨道上与指挥-服务舱完成一次交会对接，再在月球轨道上与指挥-服务舱完成一次交会对接，实现了将指挥-服务舱和登月舱的功能区分和独立。航天器之间的交会对接是一个充满艰辛但却意义重大的过程。一般航天器交会对接过程可分为四个阶段：地面引导、自动寻的、接近停靠和对接合拢。

在地面引导阶段，地面人员参与对目标飞行器和追踪飞行器的跟踪和测量，通过控制追踪飞行器实现多次变轨飞行，实现追踪飞行器进入到其上安装的传感器能捕获到目标飞行器的范围内，该范围一般是 10~100 千米。追踪飞行器一旦发现目标飞行器，便会立刻锁定目标飞行器的位置，并与其建立通信联系。

在追踪飞行器捕获目标飞行器的位置并与其建立通信联系后，即进入自动寻的阶段。在这一阶段，追踪飞行器会根据其制导传感器测量的相对运动参数进行绕飞，直至到达距目标飞行器一定距离的某一点，该点一般距目标飞行器 100~1000 米。到达该点后，追踪飞行器便绕目标飞行器飞行并进行必要的自我调整。

在接近停靠阶段，追踪飞行器首先需要捕捉目标飞行器的对接轴。如果对接轴线不在运行轨道方向，则需要追踪飞行器绕目标飞行器飞行，并调整自身的姿态，使之进入对接走廊。当追踪飞行器进入对接走廊后，其测量系统可以很准确地测量出目标飞行器和追踪飞行器之间的相对速度、距离和姿态。然后追踪飞行器开始机动，慢慢沿对接走廊向目标飞行器接近并不断调节自身的姿态，直至追踪飞行器停靠到目标飞行器上。

在对接合拢阶段，追踪飞行器停靠在目标飞行器上后，对接机构开始接触，同时对接感触传感器发出信号使飞行器的姿态和轨道控制系统停止工作，避免在对接时产生碰撞。然后对接机构上的撞锁开始动作，同时启动对接的后续工作。在地面工作人员检查无误后，开始完成各项管路的连接。

此时已经完成了航天器的交会对接，如同完成了一次意义重大的握手。交会对接完成后，航天员便可通过通道进入目标飞行器了。

此外，当追踪航天器完成对接任务后，需要与目标航天器分离。分离过程与对接过程刚好相反，先是对接机构解锁，并同时启动航天器姿态和轨道控制系统，保证追踪航天器按预定轨道飞离，从而实现对接后的航天器分离。

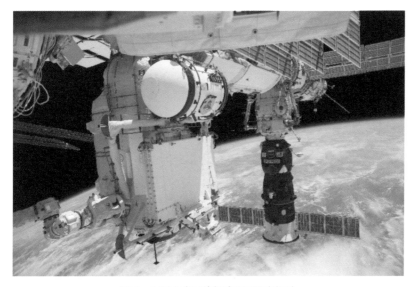

图 4　通过交会对接组成的国际空间站

航天器交会对接技术无疑是探索太空的一项关键技术，我国目前已经完全掌握了空间交会对接技术，预计在 2022 年前后建成我国自己的空间站。此外，月球取样返回、火星取样返回等深空探测任务都需要交会对接技术的支持，交会对接技术将随着人类迈向更远的深空而不断发展进步。

参考文献

［1］ 高红.什么是太空对接技术［J］.交通与运输，2011（6）：46-47.
［2］ 林来兴.空间交会对接的发展历程［J］.国际太空，2018（10）：41-44.
［3］ 林来兴.四十年空间交会对接技术的发展［J］.航天器工程，2007（4）：70-77.
［4］ 博引.精彩纷呈的中国首次空间交会对接［J］.国际太空，2011（11）：9-16.

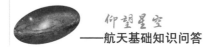

52 月球探测第一国——苏联

从 1959 年至 1976 年，苏联发射了 24 个月球号探测器，其中 18 个完成探测月球的任务。

1959 年新年刚过，1 月 2 日在苏联一个秘密的航天发射场，一枚由战略导弹改装的运载火箭，托举着苏联人的梦想和希望，呼啸着直上九霄，把一个月球探测器送入太空，随着火箭抛掉第一级、第二级，人类制造的这个物体首次接近了第二宇宙速度，直奔月球而去。第二天，苏联政府宣布，成功发射的人类首枚月球探测器已经从月球近旁飞过，这一消息震惊了西方，轰动了世界，成为全球媒体的头版头条，苏联在美苏月球竞赛中成功打响了第一枪。

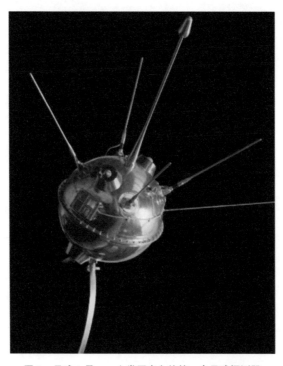

图 1　月球 1 号——人类历史上的第一个月球探测器

　　1959 年 9 月 12 日发射的月球 2 号，两天后飞抵月球，在月球表面的澄海硬着陆，成为到达月球的第一位使者，首次实现了从地球到另一个天体的转移。它搭载的科学仪器舱内的无线电通信装置，在撞击月球后便停止了工作。同年 10 月 4 日，月球 3 号探测器飞往月球，3 天后环绕到月球背面，拍摄了第一张月球背面的照片，让人们首次看全了月球的面貌。

　　世界上率先在月球软着陆的探测器，是 1966 年 1 月 31 日发射的月球 9 号。它经过 79 小时的长途飞行之后，在月球的风暴洋附近着陆，并用摄像机拍摄了月面照片。这个探测器重 1583 千克，在到达距月面 75 千米时，重 100 千克的着陆舱与探测器本体分离，靠反推发动机着陆成功。

图 2　月球 9 号探测器

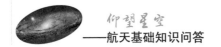

1970年9月12日发射的月球16号探测器，于9月20日在月面丰富海软着陆，第一次使用钻头采集了101克月岩样本，装入回收舱的密封容器里，于24日带回地球。1970年11月10日，月球17号探测器载着世界上第一辆自动月球车上天。17日在月面雨海着陆后，月球车1号下到月面进行了10

图3　月球16号探测器

个半月的科学考察。这辆月球车重756千克，长2.2米，宽1.6米，装有电视摄像机和核能源装置。它在月球上行程10540米，考察了8千平方米月面地域，拍摄了200幅月球全景照片和20000多张月面照片，直到1971年10月4日核能耗尽才停止工作。1973年1月8日发射的月球21号探测器，把月球车2号送上月面考察，并取得更多成果。最后一个月球24号探测器于1976年8月9日发射，8月18日在月面危海软着陆，钻采并带回170克月岩样品。至此，苏联对月球的无人探测宣告完成，人们对月球的认识更加丰富和完整了。

在冷战期间美苏两国白热化的太空竞赛中，苏联人一度占尽优势。但出乎意料的是，最早登上月球的却是美国人。事实上，苏联人也一直在为载人登月而努力，不过由于致命设计缺陷，原本设计用于登月任务的N-1火箭连续数次发射失败，让苏联人载人登月的梦想化为泡影。莫斯科航空学院一实验室公开了关于苏联载人登月计划的一组珍贵解密照片，照片显示了这项失败的登月计划中的主要设备，包括从未公开的LK月球飞船以及从未使用过的月球登陆车等。其实，就在肯尼迪总统宣称美国将争取率先将航天员送上月球时，苏联科学家仍然领先于美国同行。此外，他们还于1966年发射了一颗环月轨道卫星。但N-1火箭的连续四次失败，最终让苏联不得不中止了载人登月计划。

参考文献

［1］ Deep Space Chronicle：A Chronology of Deep Space and Planetary Probes 1958-2000 （PDF）.
Monographs in Aerospace History，No.24.NASA History Office.pp.17-19.

［2］ Wade，Mark. "Luna E-1".Encyclopedia Astronautica.Archived from the original on 22 December
2010.Retrieved 3 December 2013.

［3］ "Luna 1".US National Space Science Data Center.Retrieved 3 December 2013.

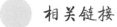

相关链接

月球 1 号探测器

　　月球 1 号探测器于 1959 年 1 月 2 日在拜科努尔航天发射场由月球号运载火箭发射升空。但是地面控制系统的故障导致火箭的点燃时间出现误差，因此月球 1 号只能于 1959 年 1 月 4 日在月球上空 5995 千米处掠过。月球 1 号探测器在掠过月球表面后，随即离开地球轨道。这使它成为人类发射的第一个成功摆脱地球引力场的航天器。因此，苏联的科学家们便将之更名为"梦"，全因他们没想过航天器摆脱地球引力之余，还能够成为人造行星。现在，月球 1 号仍然环绕着太阳公转，其轨道位于地球轨道与火星轨道之间，周期为 450 天。

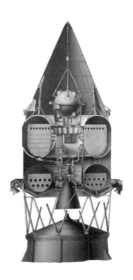

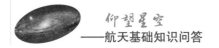
53 登月之旅——阿波罗登月计划

美国是人类最早登上月球的国家，美国的登月计划就是阿波罗计划（Apollo Project），又称阿波罗工程，是美国从 1961 年到 1972 年从事的一系列载人登月飞行任务。它是世界航天史上具有划时代意义的一项成就。工程开始于 1961 年 5 月，至 1972 年 12 月第 6 次登月成功结束，历时约 11 年，耗资 255 亿美元。在工程高峰时期，参加工程的有 2 万家企业、200 多所大学和 80 多个科研机构，总人数超过 30 万人。

图 1　运载阿波罗 11 号的土星五号火箭

美国最早于 1958 年 8 月 18 日发射月球探测器，但由于第一级火箭升空爆炸，半途夭折了。随后又相继发射 3 个先驱者号探测器，均告失败。直到 1964 年 1 月 30 日发射的徘徊者 6 号才在月面静海地区着陆。但由于摄像机出现故障，没有能够拍回照片。同年 7 月 28 日徘徊者 7 号发射成功，在月面云海着陆，拍摄到 4308 张月面特写照片。随后 1965 年 2 月 17 日发射的徘徊者 8 号和 3 月 24 日发射的徘徊者 9 号，都在月球上成功着陆，并分别拍回 7137 张和 5814 张月面近景照片。1966 年 5 月 30 日，勘测者 1 号新型探测器发射，经过 64 小时的飞行，在月面风暴洋软着陆，向地面发回 11150 张月面照片。截至 1968 年 1 月 1 日发射的 7 个勘测者探测器中，有 2 个失败，5 个成功。后来，美国又发射了 5 个月球轨道环行器，为阿波罗载人登月选择着陆地点提供探测数据。经过这一系列的无人探测之后，月球的庐山真面目显露出来了。1966~1968 年美国进行了 6 次不载人飞行试验，在近地轨道上鉴定飞船的指挥舱、服务舱和登月舱，考验登月舱的动力装置。

阿波罗 1 号是美国第一次由三名航天员执行的航天任务。计划将于 1967 年 2 月 21 日发射的阿波罗 1 号于 1 月 27 日进行一次例行测试时，指令舱突然发生了大火，三名航天员维吉尔·格里森、爱德华·怀特和罗杰·查菲全部遇难。事后，一个专门小组对这场事故作了详尽的调查，但没有弄清着火的确切原因。他们对事故做了鉴定，起火的原因最可能是指挥舱内的导线发生短路，而阿波罗指挥舱内使用的氧气又使火势加剧。另一个导致航天员死亡的因素是航天员进入座舱的舱门需要 90 秒才能打开。这场火灾导致了美国国家航空航天局重新评价阿波罗航天器舱内所使用的材料，并对指挥舱进行了大规模的修改。

这次任务的名称原本是 AS-204，但任务后三位航天员的遗孀认为应该保留"阿波罗 1 号"的名称，希望人们不要忘记这次事故。

图 2　阿波罗 1 号成员格里森、怀特、查菲（左图）与阿波罗 1 号残骸（右图）

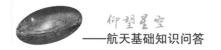

1968~1969 年，美国发射了阿波罗 7、8、9 号飞船，进行载人飞行试验，主要作登月舱脱离环月轨道的降落模拟试验以及模拟登月舱与指挥舱的分离和对接试验等。它们按登月所需时间进行了持续 11 天的飞行，检验了飞船的可靠性。1969 年 5 月 18 日发射的阿波罗 10 号飞船进行了登月全过程的演练飞行，绕月飞行 31 圈，两名航天员乘登月舱下降到离月面 15.2 千米的高度。

图 3 阿波罗 9 号飞船（左图）和阿波罗 10 号飞船（右图）

1969 年 7 月 16 日，土星 5 号火箭搭载阿波罗 11 号飞船发射升空。第三级火箭熄火时将飞船送至环绕地球运行的低高度停泊轨道。第三级火箭第二次点火加速，将飞船送入地月过渡轨道。飞船与第三级火箭分离，飞船沿过渡轨道飞行 2.5 天后开始接近月球，由服务舱的主发动机减速，使飞船进入环月轨道。航天员阿姆斯特朗和奥尔德林进入登月舱，驾驶登月舱与母船分离，下降至月面实现软着陆。阿姆斯特朗与奥尔德林成功登上月球，首次实现人类踏上月球的理想。另一名航天员科林斯仍留在指挥舱内，继续沿环月轨道飞行。登月航天员在月面上展开太阳能电池阵，安设月震仪和激光反射器，采集月球岩石和土壤样品 22 千克，然后驾驶登月舱的上升级返回环月轨道，与母船会合对接，随即抛弃登月舱，启动服务舱主发动机使飞船加速，进入月—地过渡轨道。在接近地球时飞船进入再入走廊，抛掉服务舱，使指挥舱的圆拱形底朝前，在强大的气动力作用下减速。进入低空时指挥舱弹出 3 个降落伞，进一步降低下降速度。阿波罗 11 号飞船指挥舱于 7 月 24 日在太平洋夏威夷西南海面溅落。

　　从 1969 年 11 月至 1972 年 12 月，美国相继发射了阿波罗 12、13、14、15、16、17 号飞船，其中除阿波罗 13 号飞船因服务舱液氧箱爆炸中止登月任务（三名航天员驾驶飞船安全返回地面）外，其余均登月成功，总共有 12 名航天员登上月球。

参考文献

［1］　肯尼迪. 阿波罗登月［M］. 北京：世界知识出版社，1998.

［2］　Apollo Systems Description (PDF) (Technical Memorandum). Volume II: Saturn Launch Vehicles. NASA. February 1，1964. p. 3-3. NASA TM-X-881. Retrieved August 1，2013.

［3］　Wade，Mark. "Apollo SA-11". Encyclopedia Astronautica. Archived from the original on June 17，2012. Retrieved June 21，2012.

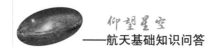

54 嫦娥奔月——中国探月工程

中国探月工程分"绕""落""回"三期，计划用15年的时间分三步完成。

第一步"绕"，就是发射环绕月球南北极飞行的探测器，对月球进行全球性遥感探测。2007年10月发射的"嫦娥一号"，对月球进行了1年4个月的探测，圆满完成了绕月探测的任务。

"嫦娥一号"是中国首颗绕月人造卫星，总质量约2350千克，尺寸为2000毫米×1720毫米×2200毫米，太阳能电池板展开长度约18米，设计寿命大于1年。该卫星的主要目的是获取月球表面的3D立体影像，分析月球表面有用元素的含量和物质类型的分布特点，探测月壤厚度和地球至月球的空间环境。

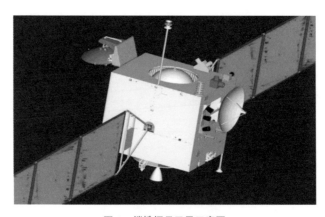

图1 嫦娥探月卫星示意图

第二步"落"，就是探测器（包括着陆器与月球车）在月球表面软着陆并进行巡视勘察。此阶段共实施3次发射任务，分别命名为"嫦娥二号""嫦娥三号""嫦娥四号"。

"嫦娥二号"是中国第二颗探月卫星、第二颗人造太阳系小行星，也是中国探月工程二期的技术先导星，是中国第一颗探月卫星嫦娥一号卫星的备份星，沿用东方红三号卫星平台，造价约 6 亿元人民币。2010 年 10 月 1 日 18 时 59 分 57 秒，嫦娥二号卫星在西昌卫星发射中心由长征三号丙运载火箭成功发射升空，顺利进入地月转移轨道。嫦娥二号卫星完成了一系列工程与科学目标，获得了分辨率优于 10 米的月球表面三维影像、月球物质成分分布图等资料。2011 年 4 月 1 日，"嫦娥二号"拓展试验展开，完成进入日地拉格朗日 L2 点环绕轨道进行深空探测等试验。此后"嫦娥二号"飞越小行星 4179（图塔蒂斯）成功进行再拓展试验，嫦娥二号工程随之收官。目前，"嫦娥二号"已经成为太阳系的小行星，围绕着太阳作椭圆轨道运行。

"嫦娥三号"是中国探月工程第二阶段发射的月球探测器，包括着陆器和巡视器（月球车），于 2013 年 12 月 2 日 1 时 30 分由长征三号乙运载火箭从西昌卫星发射中心成功发射，12 月 6 日抵达月球轨道，开展嫦娥三期工程中的第二阶段"落"。12 月 14 日，嫦娥三号探测器成功软着陆于月球雨海西北部（"虹湾着陆区"），中国的第一辆月球车——"玉兔号"与嫦娥三号着陆器分离，成为继 1976 年的"月球 24 号"后首个在月球表面软着陆的巡视器。

嫦娥三号任务完成了首幅月球地质剖面图，展现了月球表面以下 330 米深度的地质结构特征和演化过程，并发现了一种全新的岩石——月球玄武岩。通过这些数据，可以了解月球从形成到现在的演变历史。"嫦娥三号"还测量了月球地表层以上水的含量，得到了有史以来最低的一个测量值，首次明确证明月球上没有水。"嫦娥三号"的另一个重要任务，就是观察它的故乡——地球。在地球周围有几道天然屏障，其中第一个就是等离子体层，它可以延伸到地球表面以外四万千米左右。着陆器上安装的全球首个极紫外相机，就是专门用来观测等离子体层变化的设备。太阳风暴形成的巨大脉冲，会对围绕地球运转的人造天体，比如导航卫星、通信卫星等的通信功能造成严重破坏。将等离子体层变化作为监测太阳风暴的风向标，这是"嫦娥三号"独有的本领。目前极紫外相机已获取了 1300 多幅地球等离子体层图像数据，为空间天气预报提供了大量依据，保障了地面通信，以及地面与航天器之

间的通信安全。

"嫦娥四号"是中国嫦娥工程第二阶段的登月探测器——"嫦娥三号"的备份星。"嫦娥四号"的着陆器携带巡视器由长征三号乙改进Ⅲ型运载火箭发射,成功实现世界首次月球背面软着陆,同时也是首次实现在月球的高纬度极地着陆。

2019年5月16日,在"嫦娥四号"落月4个多月后,中国科学院国家天文台宣布,由研究员李春来领导的研究团队利用"嫦娥四号"探测数据,证明了月球背面南极-艾特肯盆地存在以橄榄石和低钙辉石为主的深部物质。此前,人们并不确定月球深处究竟有什么。国际学术期刊《自然》在线发布了这一重大发现。该发现为解答长期困扰国内外学者的有关月幔物质组成的问题提供了直接证据,将为完善月球形成与演化模型提供支撑。嫦娥四号探测器实现了人类历史上首次对月球背面的软着陆就位探测,而此次基于探测数据的研究结果,则成功揭示了月球背面的物质组成,证实了月幔富含橄榄石的推论的正确性,加深了人类对月球形成与演化的认识。

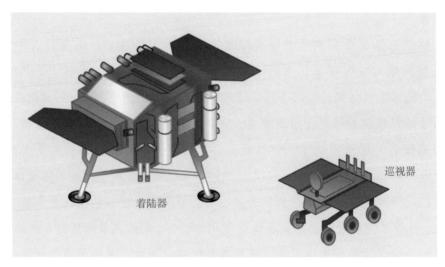

图2　着陆器与巡视器示意图

第三步"回",就是发射可以自动返回地球的月球采样着陆器,开展月面原位探测,并携带自动钻孔取样机和样品收集器,采样后携带月球样品返回地面，供科学家研究。此阶段计划实施 2 次发射任务，分别命名为"嫦娥五号"和"嫦娥六号"。

2020 年 11 月 24 日凌晨 4 点 30 分，长征五号遥五运载火箭在海南文昌航天发射场点火升空，将"嫦娥五号"送入奔月轨道。"嫦娥五号"由轨道器、返回器、着陆器、上升器组成，在到达月球轨道后，着陆器与上升器着陆月球表面进行采样和封装。而后上升器携带采集的样本飞到月球轨道与轨道器和返回器对接，将采集的样本转移到返回器内。轨道器携带返回器启程返航，在到达地球轨道后，返回器与轨道器分离，将样本送回地球。整个任务周期 23 天。

"嫦娥六号"预计在 2024 年发射，将展开月球着陆点区的描摹探测和地质布景勘测，获得与月球样品相关的数据。此外，"嫦娥六号"还将针对返回高空的月球样品进行体系、持久的研究，理清月壤与月岩的物理特征与布局、矿物与化学组成、月球岩石构成与演变进程等，深化人类对月球成因和演化历史的了解。

参考文献

[1] Missions to the Moon.The Planetary Society. Planetary.org. Retrieved 2 December 2013.
[2] China lays out its ambitions to colonize the moon and build a "lunar palace". Echo Huang，Quartz. 26 April 2018.
[3] "China Starts Manufacturing Third Lunar Probe". English.cri.cn. Retrieved 2 December 2013.

相关链接

玉兔号月球车

玉兔号月球车是中国设计制造的一种月球车，搭载于嫦娥三号月球探测器。"嫦娥三号"于 2013 年 12 月 2 日从西昌卫星发射中心由长征三号乙增强型运载火箭发射，于 12 月 14 日 21 时成功软着陆于月球表面，12 月 15 日凌晨 4 时 35 分，玉兔号月球车从"嫦娥

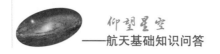
三号"中走出,成为自 1973 年苏联的"月球车 2 号"以来再次踏上月球表面的无人驾驶月球车。玉兔号月球车已于 2016 年 7 月 31 日超额完成任务并停止工作,共在月球上工作了 972 天。

　　玉兔二号月球车是中国空间技术研究院设计制造的第二辆月球车,搭载于嫦娥四号月球探测器。于 2019 年 1 月 3 日 22 时 22 分完成与嫦娥四号着陆器的分离,驶抵月球表面。首次实现月球背面着陆,成为中国航天事业发展的又一座里程碑。

55 欧日印竞相探月

人类从 20 世纪 50 年代即开始了探月计划，1958~1983 年这 20 多年间的首轮探月计划，仅为美国和苏联之间的竞争，1989 年后的第二轮探月计划中，欧洲、日本、中国、印度等纷纷制定自己的月球探测计划，这些探月方案各具特色。

欧洲于 2003 年 9 月向月球发射了首枚月球探测器 SMART-1 号（Small Missions for Advanced Research in Technology），这也是欧洲空间局"尖端技术研究小型任务"系列计划中的第一项研究项目。欧洲空间局用"SMART"为探测器命名，主要是因为该探测器执行的任务虽小，但研究的却全部都是目前最为尖端的技术。2006 年 9 月 3 日，探测器对月球表面进行了撞击，完成其最终使命。SMART-1 探测器首要任务是验证新型太阳能等离子推进系统；其次是探测和研究月球，SMART-1 探测器通过对月球表面进行 X 射线和红外线遥感采样绘制地图；从不同的角度拍摄图片并依此建立月球表面地图的三维模型；还使用 X 射线分光镜分析月球的化学组成；使用红外线搜寻月球南极固态水的存在，那里从未被太阳直接照射过；SMART-1 探测器出色完成了自己的探月使命，欧洲空间局决定将其剩余推进剂用于完成最后的撞击任务。2006 年 9 月 3 日 13 时 51 分，欧洲空间局宣布，SMART-1 探测器成功撞击月球。欧洲空间局估计，撞击的地点在月球的西经 46.2 度、南纬 34.4 度。此次撞击意义非常重大，它直接奏响了人类新一轮探月高潮的前奏。

然而，欧洲的月球探测目标绝不限于技术试验和一般的科学研究，而是像美国一样有宏伟的计划。欧洲有一个与美国 2004 年提出的"太空探索新构想"十分相似的"极光"计划，其最终目标就是建立月球基地，并以此为跳板实施载人火星探测。

图 1　欧洲 SMART-1 探测器

在亚洲，目前有 3 个国家正积极开展月球探测活动，即日本、中国和印度。日本是第三个发射月球探测器的国家。1990 年 1 月，日本率先打破了美苏垄断，成功发射了飞天号月球探测器。该探测器重 182 千克，用于地月轨道环境探测。1993 年，"飞天号"撞上月球，结束工作。1996 年，日本提出建造永久性月球基地的计划，预计投资 260 多亿美元，30 年内建成月球基地，包括居住、氧和能源生产厂，以及月球天文台等，并计划在 2005 年将漫游车送上月球。2003 年由于接连发射卫星失败，日本当局曾正式表明"十年内不会进行载人太空计划"，这等于是宣布放弃送人上太空的计划。在美国新探月计划的带动下，日本启动新的探月计划。北京时间 2007 年 9 月 14 日，月亮女神探测器由 H-2A 火箭在距东京以南约 1000 千米的鹿儿岛县种子岛航天中心发射升空。该卫星长宽各为 2.1 米，高 4.8 米，大约 3 吨重，包括一个主探测器和两个子探测器。"月亮女神"的主探测器在离月球表面大约 100 千米的轨道上环绕飞行，两个子探测器各有分工，一个主要保障各探测器与地面的通信工作，另一个负责测量月球的重力场。探测器上共搭载了 15 种精密仪器，传回了由高清晰度摄像机所拍摄的月球表面图像。JAXA 在声明中说，所采集到的数据将用于研究月球起源和演化过程。2009 年 6 月 11 日 3 时 25 分，任务结束，"月亮女神"主体坠落于月球南半球的优湖。

图 2　日本月亮女神探测器发射现场

　　"月船 1 号"是印度的首颗绕月人造卫星，探测器重 590 千克，可携带 11 个载荷，2008 年 10 月 22 日在斯里哈里科塔岛发射。这是一次非载人科学月球探测任务。这次任务包括一个月球轨道探测器和硬着陆探测器。遥感卫星质量 1308 千克（在轨质量 590 千克），携带高分辨率可见光、近红外、软／硬 X 射线频谱遥感设备。它的任务是探测月球表面，生成月球的化学特性和 3D 拓扑结构的完整地图。月球极地地区是本次探测的重点，因为那里可能存在固态水。2009 年 8 月 29 日，印度与"月船 1 号"的通信全部中断，当局表示已经决定放弃该卫星。印度空间研究组织还计划发射月船系列的第二颗卫星——"月船 2 号"。"月船 2 号"将由三个部分组成，包括绕月轨道飞行器、月球降落舱和登月机器人。该机构原定在 2011 年向月球发射月船 2 号月球探测器，并使一个登月机器人在月球表面实现软着陆。后来，"月船 2 号"推迟至 2013 年发射，之后又推迟至 2014 年发射，最终于 2019 年 7 月 22 日成功发射。此次发射任务包括绕月观测和在月球南极着陆，收集水冰、岩石和土壤数据。北京时间 2019 年 9 月 7 日凌晨，印度空间研究组织宣布月船 2 号着陆器在距离月球表面 2.1 千米的时候失去了信号。这也意味着印度最新的登月计划失败。

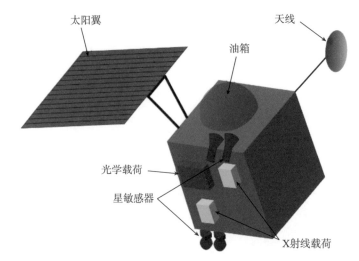

图3 "月船1号"示意图

参考文献

［1］ Bhandari N. Title: Chandrayaan-1: Science goals［J］. Journal of Earth System Science，2005，
114: 699. Doi: 10.1007/BF02715953.

［2］ S. Kiran Kumar，A. Roy Chowdhury.Terrian mapping camera for Chandrayaan-1［J］. Earth Syst.
Sci，2005，114(6): 717−720. Doi: 10.1007/BF02715955.

［3］ 中国国家天文台月球与深空探测部.中国探月工程地面应用系统.中国国家天文台.［2016-06-05］.

56 人类发射了多少火星探测器?

为什么要探测火星?著名天文学家、科普作家卡尔·萨根在 1996 年应 NASA 要求而写的《真实的火星地表景观》的报告中列举了探测火星的理由:

1)火星是地球上人类可以探索的距离较近的行星之一。

2)大约 40 亿年以前,火星与地球气候相似,也有河流、湖泊甚至可能还有海洋,未知的原因使得火星变成今天这个模样。探索使火星气候变化的原因,对保护地球的气候环境具有重大意义。

3)火星有一个巨大的臭氧洞,太阳紫外线没遮拦地照射到火星上。可能这就是"海盗 1 号""海盗 2 号"未能找到有机分子的原因。研究火星有助于了解地球臭氧层一旦消失对地球的极端影响。

4)在火星上寻找历史上曾经有过的生命的化石,这是行星探测中最激动人心的目的之一,如果找到,就意味着只要条件许可,生命就能在宇宙中的其他行星上崛起。

5)查明今日火星上有无绿洲,绿洲上有无生命以及生命存在的形式、类型。

6)火星探测是许多新技术的试验场地,这些技术包括大气制动、利用火星资源产生氧化剂和燃料、返程用遥控自动仪和取样远程通信等。

7)虽然南极陨石提供了火星上少数未知地域的样本,但只有空间探测才能窥其全貌。

8)从长期来看,火星是一个可供人们移居的星球。

9)由于历史的原因,公众对火星探测的支持和共鸣是任何其他空间探测对象难以相比的,火星探测是进行国际合作的理想项目。

可以说,这些理由有的符合公众的好奇与期待,有的是科幻迷或者梦想家喜欢的,还有的是迎合政府的口味。不管怎样,火星是离地球最近且最有可能(不管是过去、现在还是将来)适合生命生存的另一个世界,这已经得到了几乎全世界科学家的一致认同。

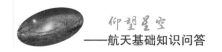

自从 1960 年苏联率先向火星发射第一颗探测器以来，至 2021 年 5 月，世界各国进行了 47 次火星探测活动，成功率不足 50%，也使得火星探测进行得较为缓慢。

和载人航天以及探月工程类似，苏联是探测火星的先驱，于 1960 年向火星发射了第一个火星探测器"火星 1 号"。但经过 50 年时间的实际证明，其在探测火星任务方面取得的成就可以用"惨不忍睹"来形容。从 1960 年开始至今，算上后来的俄罗斯总共举行了 20 次火星探测器发射活动，仅取得几次部分成功，其余均以失败告终。仅 2016 年为欧洲发射"火星太空生物"探测器取得了成功。

美国虽然没有苏联发射火星探测器时间早，但取得的成绩不错。1964 年，美国发射的"水手 4 号"（Mariner 4）成为人类第一个成功飞越火星的探测器，并且为地球传回了 21 张照片。之后美国在火星探测道路上越走越远，1971 年发射的水手 9 号探测卫星成功进入环火星轨道，并第一次传回了火星的全貌照片。1976 年海盗 1 号、2 号探测器先后在火星"Chryse"平原和"乌托邦"平原成功进行软着陆，第一次证实火星是一个荒凉的世界，火星大气压力仅相当于地球 3 万米高空大气压，这种情况根本不允许有液态水的存在。之后美国又向火星发射了多个着陆器和环火星卫星，证明了火星上曾经存在海洋并在几十亿年前发生过大洪水。

图 1　水手 4 号探测器

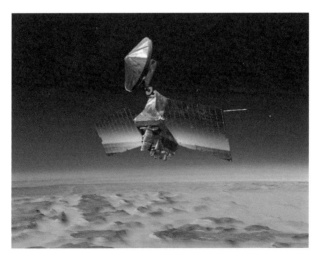

图 2　火星勘测轨道器示意图

中国于 2020 年 7 月 23 日由长征五号运载火箭在海南文昌发射场成功发射了首次火星探测任务"天问一号"探测器。除了美、俄（苏联）、中之外，欧洲发射过 2 次，日本、印度、阿联酋各发射过 1 次火星探测器。日本的发射任务以失败告终；印度的"曼加里安号"于 2013 年发射成功，实现了火星环绕探测；2020 年，在日本鹿儿岛县种子岛航天中心，阿联酋的希望号火星探测器由日本的 H-2A 运载火箭成功发射升空。

参考文献

［1］　Klotz，Irene.Mars Viking Robots 'Found Life'. DiscoveryNews. 12 April 2012.

［2］　Matthews，Mildred S. Mars. University of Arizona Press. 1 October 1992 ［14 August 2012］.ISBN 978-0-8165-1257-7.

［3］　美国火星大气探测器升空，科学网．2013-11-19.

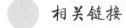 相关链接

洞察号无人探测器

"洞察号"是 NASA 于 2018 年 5 月 5 日发射的无人火星探测器。11 月 26 日，"洞察号"无人探测器在火星成功着陆，执行人

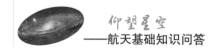

类首次探究火星"内心深处"奥秘的任务，随后，"洞察号"通过与其同行的迷你卫星于15时许传回了火星的第一张照片。"洞察号"原名 InSight，是"运用地震调查、测地学与热量传送之内部探索"（Interior Exploration using Seismic Investigations, Geodesy and Heat Transport）的英文缩写。这项任务的目标是将一个装载有地震仪及热流侦测器的固定式登陆载具发射到火星表面，研究火星早期的地质演变。这项研究可增加人类对类地行星（包括水星、金星、地球、火星）及月球的了解。借由使用开发凤凰号火星探测器时的技术，可降低任务风险及成本。"洞察号"携带的科学载荷有内部构造地震热流及物理特性综合探测器、自转和内部结构实验仪等。

57 中国的火星探测计划

深空探测是国家科技实力和创新能力的集中体现，积极开展深空探测活动，对我国建设航天强国和科技强国具有重大推动作用。中国作为航天大国，"十三五"期间制定了"深空探测发展规划"，将在 2030 年前后实施小行星探测、火星采样返回，以及木星系及行星穿越探测任务。其中，我国首次自主火星探测计划于 2016 年 1 月 11 日立项。

2020 年 4 月 24 日，中国行星探测任务被命名为"天问系列"，首次火星探测任务被命名为"天问一号"，后续行星任务依次编号。"天问"取自于屈原长诗《天问》，表达了中华民族追求真理过程的坚韧不拔，体现了对自然和宇宙空间探索的文化传承，寓意探求科学真理征途漫漫，追求科技创新永无止境。

我国的火星探测任务将探索火星的生命活动信息，包括火星过去、现在是否存在生命，火星生命生存的条件和环境。此外，针对火星本体的科学研究，将包括火星磁层、电离层和大气层的探测，火星的地形、地貌特征与分区，火星表面物质组成与分布，地质特征与构造区划；对于火星内部结构、成分，火星的起源与演化也将进行进一步的研究和探索。

2020 年 7 月 23 日 12 时 41 分，长征五号遥四运载火箭承载着天问一号火星探测器，在文昌航天发射场点火升空。

天问一号探测器总重超过 5 吨，由环绕器、着陆巡视器两部分组成，将通过一次发射，完成"环绕、着陆、巡视"三个目标。

作为探测器系统的一部分，火星环绕器由中国航天科技集团有限公司第八研究院抓总研制，承担四项任务：完成地火转移飞行和轨道修正，实现火星捕获；完成着陆巡视器预选落区的预探测，建立分离条件，实现与着陆巡视器可靠分离；建立着陆巡视器与地球之间的通信链路，实现对火星车的中

图 1　长征五号运载火箭

继通信支持；携带中分相机、次表层雷达等七种载荷，实现环火遥感科学探测任务。

其中，火星捕获是火星探测任务中技术风险最高、最为关键的环节之一，在火星探测器从地球飞向火星的过程中，能够被火星引力所捕获形成环绕轨道的机会只有一次。利用火箭助推，探测器获得了摆脱地球引力的速度，使用精心设计的地火转移轨道，探测器能够最终顺利抵达火星附近。然而，此时探测器相对于火星的速度大，就像两辆高速行驶的汽车，只有前进方向一致、速度大小相同时，才能并驾齐驱。环绕器在接近火星后，必须把握住唯一的机会，利用自身携带的推进剂点火减速，最终实现被火星捕获。

我国本次火星探测任务捕获时，探测器距离火星最近仅数百千米，稍有偏差就会撞击或飞离火星，因此，能否捕获成为了火星探测任务成败的关键。

在这一制动捕获过程中，火星环绕器面临着诸多困难。由于捕获时探测器距离地球约 2 亿千米，单向通信时延约 11 分钟，地面无法对这一制动过程进行实时监控，只能依靠探测器自主执行捕获策略。由于在发动机点火减速过程中，液体晃动及帆板抖动的干扰力矩大，需要探测器实时感知并进行精确的姿态控制。

为了确保捕获成功，航天人永远备着一份"Plan-B"：星务处理器双大脑，姿轨控计算机三核心，"时间-加速度"双关机策略……多项技术手段的采用，极大地提升了系统的鲁棒性，为捕获过程中探测器的安全保驾护航。

在捕获过程中，火星环绕器需要准确地进行点火制动，我们形象地称之为"踩刹车"。这脚刹车踩早了不行，踩晚了也不行，只有时机和时长都分秒不差，才能形成理想的捕获轨道。踩刹车的时机确定，依赖于精确的轨道预报和精准的器地校时，踩刹车的时长取决于发动机和控制系统工作的可靠性。如果制动点火时间过短，探测器速度过快，就会沿抛物线轨迹飞离火星，造成捕获任务失败。

为了精确把控发动机的开关时机，环绕器在近火捕获前需要由地面对其进行精确的无线电测定轨，再结合从环绕器上光学自主导航仪器中获得的导航信息，得到环绕器的精确位置。制动过程中，依靠可靠的系统硬件配置和捕获策略设计，确保探测器处于"捕获走廊"直至进入环火捕获轨道。

除火星环绕器外，着陆巡视器承担着软着陆火星表面并开展火表区域巡视的任务。着陆巡视器由着陆和巡视器组成，约1300千克。环绕器携带着陆巡视器通过一次轨道机动变轨至进入轨道，然后着陆巡视器与环绕器实施分离，经过过渡段飞行后按照预定的进入姿态进入火星大气，通过气动外形、降落伞、发动机多级减速和着陆腿缓冲，软着陆于火星表面。然后着陆器展开坡道机构，巡视器驶离着陆平台，在火星表面开始为期三个月的区域巡视和科学探测。依据现在的认识，火星南半球山地非常多，北半球平原相对多些。所以我们选择落在北半球的乌托邦平原，这样有利于平安着陆、有效地开展探测。

着陆过程中最令人紧张的就是进入大气后着陆前的8分钟。进入火星大气时，着陆巡视器的速度可达每秒4.8千米，通过气动外形减速到每秒400多米；接着，专门开发的火星降落伞展开，将速度进一步下降至每秒100米；在降落伞完成使命后，着陆器利用大推力反推发动机使降落速度减至基本为

零；最后通过四条着陆腿的缓冲吸能材料把着陆时的冲击力缓冲掉，保证探测器平稳着陆在火星表面。

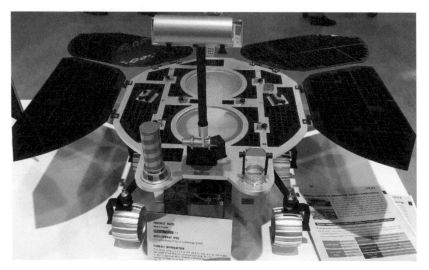

图 2　天问一号着陆器模型

参考文献

［1］ Stuart Williams. Russia aims for first conquest of Mars. Google news.［2011-11-07］.
［2］ Photo-Grunt mission scenario. RussianSpaceWeb.com.［2011-11-08］.

58 悟空号暗物质探测卫星

20世纪30年代初,美国加州理工学院的天体物理学家兹威基第一个发现,宇宙中可见物质远远不足以把宇宙连成一片,如果不是存在一种神秘而不可见的物质,星系早就分崩离析。

科学家把这种看不见的神秘物质称为"暗物质"。到了20世纪70年代,多种天文观测,比如盘星系的旋转曲线、星系团X射线观测、引力透镜等都显示了暗物质的存在。但直到现在还没有探测到确定的暗物质信号。

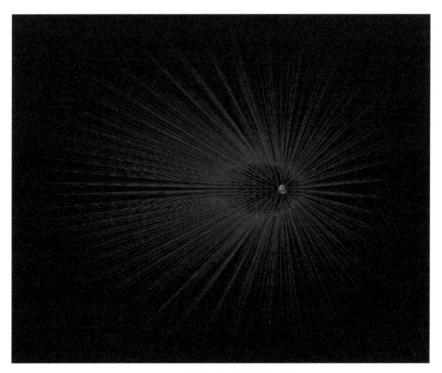

图1 被暗物质包围的地球想象图

虽然科学家们还不知道暗物质究竟由什么构成,但通过观测它如何影响普通物质,并模拟它的引力效应,还是对它有了一些了解。

图2 哈勃太空望远镜显示暗物质在巨型星系团 Abell1689 的中心分布

1）宇宙中95%以上是暗物质和暗能量，暗物质占26.8%。暗物质不发光、不发出电磁波、不参与电磁相互作用，它无法用任何光学或电磁观测设备直接"看"到。

2）暗物质难以探测，还在于它密度小、速度快，难以捕捉。科学家测算，暗物质粒子运动速度约为每秒220千米。

3）暗物质应该来自于宇宙大爆炸。在宇宙早期某一个时刻，宇宙温度非常高，粒子能量非常强，它们剧烈碰撞，在这种相互作用下，包括暗物质在内的各种各样的物质由此产生。

4）宇宙的结构与暗物质有关。由于暗物质和它自己以及其他物质不发生除了引力以外的作用，它是促使宇宙膨胀时在自身引力下形成特定结构的首要物质类型。暗物质播下了宇宙丝状结构的种子，随后可见物质才聚集在一些由暗物质建立起来的引力点上，并最终形成了星系。

5）暗物质对生命来说是绝不可少的。假如没有暗物质的引力作用，我们所在的银河系将永远无法在宇宙大爆炸后的膨胀过程中坍缩形成。那样的话，现在既没有太阳，也没有地球，更没有丰富多彩的生物。

为了进一步追寻暗物质的踪迹，中国科学院常进院士的科研团队提出了研制"暗物质粒子探测卫星"计划，得到了科技部和中科院的支持。常进介绍，在茫茫宇宙中寻找暗物质并非易事，传统方法是采用大型探测器。如诺贝尔奖获得者丁肇中教授研制的阿尔法磁谱仪 2 号，探测器重达 7 吨。而我国研制的暗物质粒子探测卫星，耗资少、重量轻，希望能在暗物质探测领域取得突破。

暗物质粒子探测卫星是中国科学院空间科学战略性先导科技专项中首批立项研制的 4 颗科学实验卫星之一，是目前世界上观测能段范围最宽、能量分辨率最优的暗物质粒子探测卫星，由中国科学院紫金山天文台暗物质与空间天文研究部、中国科学技术大学、中国科学院近代物理研究所和中国科学院高能物理研究所等合作研发。

2015 年 12 月 17 日 8 时 12 分，我国在酒泉卫星发射中心用长征二号丁运载火箭成功将暗物质粒子探测卫星"悟空"发射升空。"悟空"具有能量分辨率高、测量能量范围大和本底抑制能力强等优势，将中国的暗物质探测提升至新的水平。

暗物质粒子探测卫星"悟空"的主要目标就是通过空间观测宇宙射线和伽马射线，来探索宇宙暗物质和类似黑洞这样的特别存在的天体。紫金山天文台暗物质卫星团队介绍，自 2016 年 10 月以来，"悟空"频繁捕捉到来自 CTA 102 的伽马射线辐射。特别是 11 月 23 日以后，"悟空"记录到明显增强的伽马射线爆发现象，这一爆发在 12 月 16 日达到峰值。记录到的最高光子能量约 620 亿电子伏特，相当于静止质子等效能量的 66 倍。这一观测结果也得到其他设备的印证。紫金山天文台 1 米近地天体巡天望远镜也观测到 CTA 102 的此轮爆发。

图3 "悟空"

截至2017年年初，"悟空"发回了19亿个粒子数据。其中，5GeV到10TeV区间的高能电子数量已经超过100万个。

2017年11月30日，国际权威学术期刊《自然》在线发表，暗物质粒子探测卫星"悟空"有充分数据证实，在太空中测量到了电子宇宙射线的一处异常波动。这一波动此前从未被观测到，这意味着中国科学家取得一项开创性发现，且有可能与暗物质相关。

2017年12月底，"悟空"出现一场意外状况，导致接收到的数据量突然锐减，经过30名科研人员19个小时的紧张忙碌，"悟空"恢复正常。

经过3年的稳定运行，"悟空"进入延寿运行阶段，数据正在进一步积累。

参考文献

［1］ 暗物质粒子探测.中国科学技术大学.

［2］ 常进,冯磊,郭建华,等."悟空"玉宇探测暗物质——暗物质粒子探测卫星简介［J］.科技导报.

［3］ 悟空捉"妖"：暗物质粒子探测卫星发现黑洞爆发.航天爱好者网.［2016-12-30］.

〔4〕 China is joining the hunt for mysterious dark matter. Gbtimes. 〔2015-06-14〕.

〔5〕 我国暗物质粒子探测卫星定名"悟空". 人民网. 〔2015-12-17〕.

〔6〕 我国天文学家加紧研制"暗物质粒子探测卫星". 新华网. 〔2012-2-2〕.

〔7〕 常进. 暗物质粒子空间间接探测〔J〕. 上海航天. 2019(4).

59 星际边界探测器

星际边界探测器（Interstellar Boundary Explorer，IBEX）是 NASA 于 2008 年 10 月 19 日发射的一个探测器。这是人类发射的第一个专门探测太阳系与星际空间交接地带的探测器。IBEX 将提供第 1 幅太阳系边界区域图像，揭示太阳风和星际介质相互作用的物理学特性。将这项研究与天体物理学现象建立联系后，可对了解太阳系与银河系的关系起到重要作用。而且，通过对把大量银河系宇宙射线辐射阻挡在外的太阳系边界区域的研究，可提出载人探测可能要面对的严峻挑战。另外，IBEX 利用专门的固体火箭发动机和内部推进系统到达最终的轨道位置，这一开创性的、相对廉价的发射模式，可作为未来把小型商业航天器送入高轨道的一种有益尝试。

图 1　星际边界探测器

星际边界探测器采取了空中发射方式。2008 年 10 月 19 日当天，探测器以及负责运载的"飞马"火箭，装载在一架 1-1011 飞机的机翼之下。美国东部时间 13 时 48 分（北京时间 20 日 1 时 48 分），当飞机飞行至太平洋上马绍尔群岛的夸贾林环礁上空时，火箭及探测器被释放。火箭成功将探测器送入预定的近地椭圆飞行轨道。火箭与探测器成功分离后，探测器自带的一个固态电机再助它一臂之力，脱离近地飞行轨道，踏上远赴太阳系边界的征程。IBEX 的观测发现有助于科学家了解银河系是如何演化的。开始的时候只有氢和氦，这两种元素形成了第一批恒星。发生塌陷并走向死亡过程中，恒星将自身的物质（包括核聚变产生的新元素）喷射到太空。通过分析这些粒子，能够进一步了解宇宙、其他行星以及行星系统的演化。

太阳系边界区域大致从终端激波开始，止于弓形激波，其中包括日鞘、太阳风顶层等，是太阳风和星际介质相互作用的区域，非常复杂。它使大多数的致命宇宙射线无法抵达地球和其他太阳系行星周围的空间，对于人类安全来说是至关重要的。到目前为止，人类对于这一区域的了解非常少，大多是通过间接观测、建模，以及旅行者 1 号、旅行者 2 号探测器的单点观测来实现，因此可以说，太阳系边界还未真正被全面探测。

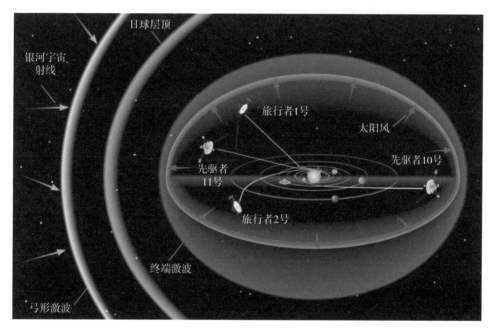

图 2　日球层顶

美国旅行者 1 号探测器经过 27 年多的太阳系之旅，于 2004 年 12 月 16 日在太阳系边界遭遇并穿越了终端激波，当时距离太阳 94 个天文单位，成为第 1 个探测到终端激波及其外部日鞘的航天器。在穿越终端激波之前，旅行者 1 号探测器观测到了它所能观测到的最低能量的高能粒子。基于旅行者 1 号探测器对磁区和高能粒子的观测，以及人类对太阳风的了解，可以推断，在终端激波处太阳风的速度突然降低了。不过，由于旅行者 1 号探测器上的等离子探测器早已失效，因此不能对太阳风速度的降低情况进行直接测量。旅行者 1 号探测器的观测结果曾引发了热烈的科学争论，例如，关于激波的结构，它的时间历史及它是否（和怎样）使不规则的宇宙射线加速等，进而催生了对星际相互作用的全球、全天空观测的需求。

2007 年 8 月 30 日，经过 30 年的长途跋涉，旅行者 2 号探测器在距离太阳 84 个天文单位处对终端激波进行了直接观测，并第 1 次传回了太阳系边界的信息。它探测到了太阳系边界区域的能量和磁力，证实了太阳系被压扁的猜测。旅行者 2 号探测器穿越了终端激波，进入了日鞘之中，但是无法了解太阳系边界的全球特性。

为了探究"混乱"而不可见的太阳系边界区域的全球结构，NASA 于 2005 年 1 月，选择 IBEX 作为"小探索者任务"（SMEX）之一，以获得星际相互作用的全球图。相对于旅行者探测器的单点测量，IBEX 的观测更全面，获得的数据也会与前者的数据互为补充，让人类更好地了解太阳系边界区域。

IBEX 的科学目标是揭示太阳系边界区域太阳风和星际介质之间的全球相互作用，其中包括结构、动力学、高能粒子的加速，以及带电粒子在太阳系边界的传播等特性。它主要回答以下 4 个基本科学问题：①终端激波的全球强度和结构；②在终端激波中，高能质子如何被加速；③终端激波之外和日球尾（heliotail）里的太阳风全球特性；④在太阳风顶层之外，星际流与日球层相互作用的原理。

IBEX 会对从终端激波及其外部区域辐射到太阳系里的高能中性原子进行采样，实现对终端激波之外太阳系真正边界的第 1 次全球观测。它获得的全球高能中性原子能谱，可提供对终端激波之外的太阳风离子、新生质子和高能质子的直接测量；作为方向函数的能谱，可显示激波的三维结构和激波里离子的能量分布情况；所获能谱也可表明，高能粒子是怎样迫使终端激波发生改变的，以及什么类型的注入过程可能在那里起作用。根据其数据绘成的全球高能中性原子图像，能够辨别在终端激波外太阳风和星际介质相互作用的类型；根据图像中显示的不对称特性，能确定终端激波之外的粒子流结构。IBEX 还可以实现对穿过终端激波的星际中性氧原子的第 1 次直接测量，确定终端激波里的星际氧原子的运动速率、方向和温度，所获信息与未穿过终端激波的氦原子信息进行对比，从而提供与穿越终端激波相关的信息，以及远在太阳风顶层之外的星际相互作用信息。

IBEX 获得的数据将用于详细建模和深入了解太阳系边界的特性，因此，对数据要进行 3 个层面的研究：

发现层面，研究 IBEX 的原始图像、能谱和流量信息，从而直接掌握星际相互作用的基本特性。

探索层面，把 IBEX 数据产品与简单的物理学计算，理论研究，有限的二维、三维建模相结合，探索星际相互作用的潜在特性和演变。

理解层面，对 IBEX 获得的数据进行迭代分析，与逐渐精确的日球层的三维模型相结合，深入揭示星际相互作用的奥秘。

IBEX 收集的数据涵盖整个太阳周期，而且旅行者探测器已经利用穿越终端激波的时机进行了单点观测，能为 IBEX 获得的全球图像提供有价值的背景。IBEX 对太阳系边界的第 1 次"绘图"，迈出了人类对银河系边界探测的"第一步"。

参考文献

［1］ IBEX-Interstellar Boundary Explorer.European Space Agency.

［2］ IBEX-Orbit. Heavens Above. June 11，2017.

［3］ Fact Sheet: IBEX. Orbital ATK. FS001_06_3695.

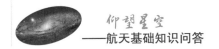
相关链接

ESA 的系外行星探测器

　　ESA 计划于 2024 年发射一个探测器，用于寻找太阳系外行星。着眼于观测行星凌日和恒星振荡的柏拉图探测器被选定为未来的一项中级（M）任务。柏拉图探测器将监测相对明亮的恒星，从而寻找地球般大小的行星以及与母星的距离使其能够成为宜居天体的"超级地球"。该探测器将使用由 32 个小型且完全相同的望远镜和照相机构成的阵列以及两部专门照相机，探测环绕着约 100 万颗恒星运转的行星。

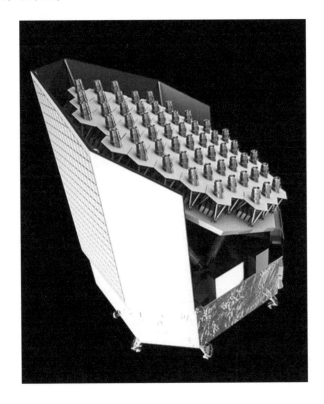

第四章
探寻生命

60 宇宙中另有适宜人类生存的星球吗?

"宜居带"（Habitable Zone）是指在一颗恒星周围的一定距离范围，在这一范围内水可以以液态形式存在。液态水被科学家们认为是生命生存不可缺少的元素。如果一颗行星恰好落在这一范围内，那么它就有更大的概率拥有适合生存的环境甚至拥有生命。如果把地球上所有生物以及它们在不同演化阶段所需要的不同条件加以总结，将这些条件扩展到所需行星的条件、太阳的条件甚至是恒星系的条件等，就有了"宇宙宜居带"的概念。宜居性取决于许多因素，液态水和大气是其中两个最为重要的因素。

"宇宙宜居带"需要从空间、时间、生物多样性等几方面进行讨论。对于天文学家来说，"潜在宜居"行星是那种可以维持生命存在的星球，但并不代表该行星适合人类居住。美国国家科学基金会的天文学家于 2010 年 9 月

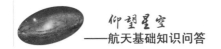
29 日发布的报告中提到，他们通过建造在夏威夷的凯克天文望远镜发现一颗与地球差不多大的行星，可能适宜人类居住。这颗行星名叫格利泽 581（Gliese 581），是位于天秤座"宜居带"的一颗红矮星，距离地球大约 20.4 光年。以天文学标准衡量，这一距离不算远。

图 1　绿色表示宜居带

2011 年 12 月 5 日，NASA 对外发布消息称，通过开普勒太空望远镜证实，太阳系外"第一颗"类地、适合居住的行星开普勒 -22b（Kepler-22b），是一颗距地球 600 光年的行星，体积约为地球的 2.4 倍，此外，这颗行星上还可能有液态水。这是目前被证实的大小和运行轨道最接近地球的行星，它也像地球围绕太阳运转一样以 290 天一个周期环绕一颗类似于太阳的恒星运转。

开普勒 -22b 行星围绕着一颗类似于太阳的母恒星旋转，这颗恒星发出的光比太阳光弱大约 25%，因此那里的宜居带要比太阳系里的宜居带更靠近恒星一些。而在另一方面，开普勒 -22b 行星到母恒星的距离又比地球到太阳的平均距离近了大约 15%，使其恰好落在了宜居带中。如果新行星的性质与地球相似，液态水就可以在那颗行星的地表上长期存在。

图 2　开普勒 –22b 行星

短期来看，人类不具备到达开普勒 -22b 行星的能力。现有的人造航天器中，目前速度最快的大约是 20 千米 / 秒。如果以这个速度飞向 600 光年以外的开普勒 -22b 行星，大约需要 900 万年才能抵达。

目前可观测宇宙年龄大约为 138.2 亿年，宇宙的直径可达到约 930 亿光年（可观测）。目前我们认识到的宇宙仍然只是广袤宇宙中的一小部分，宇宙中是否还有适合人类居住的星球，仍需要人们不断探寻。

参考文献

［1］　Munro，Margaret，Miners deep underground in northern Ontario find the oldest water ever known，2013［2013-10-06］.

［2］　Dole，Stephen H. Habitable Planets for Man. Blaisdell Publishing Company. 1964: 103.

［3］　A'Hearn Michael F，Feldman Paul D. Water vaporization on Ceres［J］. Icarus. 1992，98(1): 54–60.

［4］　Bryner Jeanna. Ocean Hidden Inside Saturn's Moon. Space.com. Tech Media Network. 2 June 2009［2013-4-22］.

［5］　Kopparapu Ravi Kumar. A revised estimate of the occurrence rate of terrestrial planets in the habitable zones around kepler m-dwarfs［J］. The Astrophysical Journal Letters，2013，767 (1): L8.

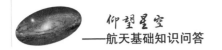
61 有多少与地球相似的行星？

美国《洛杉矶时报》2003 年 7 月 3 日报道，天文学家首次在银河系中探测到了一颗以"稳定的轨道"绕它"自己的太阳"运转的外太空行星。科学家预言，这颗气体行星的轨道之所以如此稳定，是因为在那儿存在着一个与我们的太阳系极度相似的"第二太阳系"。在那个太阳系中，多半还包含着一颗类似地球的固体行星。其与地球的类似程度可以用地球相似指数（Earth Similarity Index，ESI）来刻画。

科学家常用地球相似指数来衡量其他行星与地球相似的程度，范围在 0 和 1 之间，地球自身的相似指数以 1 表示。地球相似指数是针对行星而设计的，但也可以用于大型天然卫星和其他天体。地球相似指数可以经由行星半径、密度、脱离速度和表面温度代入公式计算得到。太阳系中，水星、金星和火星的地球相似指数分别为 0.39、0.78 和 0.64。

该指数在 0.8 到 1 之间的行星代表其拥有岩石组成的表面，可以在气候温和条件下保有类似地球大气。目前发现多个太阳系外行星在此范围内，如开普勒 -438b、KOI-4878.01 等。

2015 年，美国国家航空航天局在一次会议中谈到，其科研人员通过开普勒太空望远镜发现了一颗系外行星开普勒 -452b，与地球相似度极高，堪称是地球的双胞胎，科学家称这颗行星为"地球的影子"，推测其有可能也拥有跟地球一样的结构。目前各类报告中提到的与地球相似度高的行星大多是系外行星，目前已发现数十颗与地球相似指数超过 0.8 的系外行星。

科学家通过多年的研究发现，行星成为"第二地球"需要具备以下条件：第一，行星上要有水，尤其是液态水。行星表面温度要适合液态水的产生，才能形成湖泊和海洋，这就要求它跟母恒星的距离要恰到好处，处在恒星系的宜居带中。第二，行星上空要有大气层。大气层能使行星避免紫外线的过

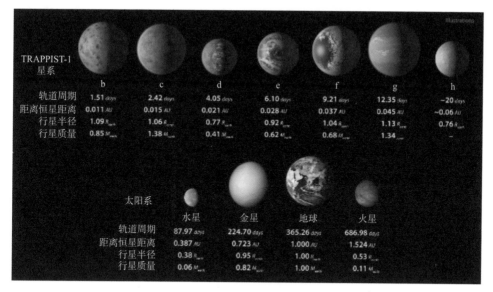

图 1　部分类地行星

度辐射，也能使地表保持适宜的温度，然而要有合适的大气层，就必须要有合适的行星大小。

2015 年，NASA 宣布经开普勒太空望远镜观测，发现一颗体积与地球相近的太阳系外行星——开普勒 -438b，它位于红矮星开普勒 -438 的宜居带。该行星是通过凌日法观测到的，它在通过母恒星盘面前时，致使恒星光度微幅下降。开普勒 -438b 的直径比地球长 12%，距离地球约 470 光年，公转时间为 35 天，岩石地貌的可能性为 70%。最近天文观测表明，该行星存在生命的可能性几乎为零，原因是它的磁场较弱无法锁定大气层，而且母恒星开普勒 -438 十分活跃，并伴随剧烈的耀斑现象。

2017 年 11 月，NASA 发布研究成果称，开普勒太空望远镜发现了 20 个全新系外行星，它们的轨道周期从 18 天到 395 天不等，且有很大概率落在宜居带，具备适合人类生存的环境条件。其中编号"KOI-7923.01"的行星则犹如地球失散多年的"兄弟姊妹"，它的轨道周期为 395 天，可能富有地表液态水支持生命形成，虽然它距离母恒星稍远，温度比地球要低一些，部分表面可能被冰冷冻原覆盖，但仍可能适合人类居住。

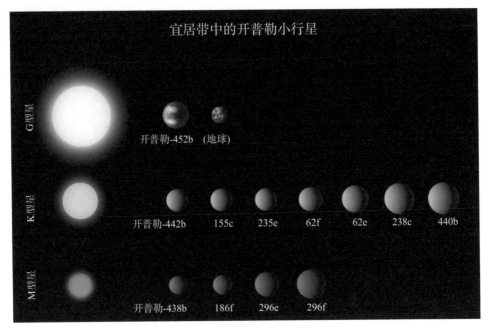

图 2　开普勒星系部分行星

　　这些行星都与地球类似，但还没有确实的证据表明它们是否能够孕育生命。人类到目前为止找到的类地行星并不多，且只有百分之二的行星具有孕育生命的可能，相信人类在未来会找到更多类似地球的行星，甚至能够发射探测器进行实地考察。

参考文献

[1]　Jenkins J M, Twicken J D, Batalha N M, et al. Discovery and Validation of Kepler-452b: A 1.6-Re Super Earth Exoplanet in the Habitable Zone of a G2 Star [J]. Astronomical Journal, 2015, 150(2):434-455.

[2]　NASA. Kepler-22b: Closer to Finding an Earth [J]. 2015.

[3]　Selsis F, Kasting J F, Levrard B, et al. Habitable planets around the star Gliese 581 ? [J]. Astronomy & Astrophysics, 2007, 476(3):1373-1387.

[4]　Armstrong D J, Pugh C E, Broomhall A M, et al. The host stars of Kepler's habitable exoplanets: superflares, rotation and activity [J]. Monthly Notices of the Royal Astronomical Society, 2018, 455(3):3110-3125.

相关链接

类地行星

2017 年 6 月 19 日，NASA 宣布更新 219 颗候选系外行星，其中包括 10 个行星接近地球的大小，并且在他们恒星的可宜居轨道运行，表面可能存在生命必需的液态水。开普勒太空望远镜于 2009 年 3 月发射升空，是全球首个专门用于搜寻太阳系外类地行星的航天器。开普勒太空望远镜靠观察行星掠过恒星前方时恒星的亮度变暗，来推断行星的存在，而它从 2009 年升空后已经观测了近 20 万份行星数据；NASA 此次发表的，是这段期间观测的最后一批数据。随着此次新发现的 219 个潜在系外行星，开普勒太空望远镜在太阳系外找到的潜在行星总数达到 4034 个，其中 2335 个已获确认。

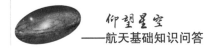
62 如何搜寻系外行星?

　　人类生存的地球是太阳系的八大行星之一,人们认为像地球上的生命(特别是像人类这样有智慧的生命)可能只在恒星的行星系统中才能产生。天文学的研究告诉我们,在银河系中至少有数千亿颗恒星,而整个宇宙又有上千亿个像银河系这样的星系。无论从生命起源还是从恒星和行星系统的起源出发,人们不禁要问:太阳系是否是宇宙中唯一的? 如果不是,那么远在太阳系以外的那些星系的状况,是否和太阳系一样?

　　虽然早在1989年,哈佛大学斯密逊天体物理中心的天文学家就宣称,他们发现了一颗质量约为木星10倍的天体绕着一个类似太阳的恒星运动,但人们并未普遍接受这颗星的确是一颗行星的说法。一直到1995年秋,日内瓦天文台的两位天文学家Mayor和Queloz宣布他们探测到了飞马座51这颗恒星的行星,这颗行星的大小近似于木星。而紧接着在1996年年中,几个天文台和研究机构接连宣布发现了新的太阳系外行星系统。这些发现有力地说明了恒星周围存在行星并不是一种特殊的现象。

图1　第一颗太阳系外行星概念图

人们寻找系外行星主要试图回答3个"终极问题"：

第一，我们从哪里来？这是目前系外行星研究中科学意义最强的领域，其中包括行星起源过程中的碰撞和气体吸积，以及新型动力演化过程中的共振、椭圆轨道和混沌现象等。

第二，我们是宇宙中孤独的文明吗？物理学家费米曾提出过一个著名问题："他们都在哪儿呢？"自从知道地球并非宇宙的中心，人们就猜测或许有地外文明的存在，但对水星、火星等太阳系行星的探索尚未找到生命存在的证据，于是科学家们把目光探向了系外行星。

第三，我们要到哪里去？在地球资源枯竭后找到"另一个地球"是众多科幻小说的主题，现在发掘宜居星球已经成为严肃的科学研究。2016年，一个国际团队发现一颗环绕比邻星运行的行星可能具有适合生命繁衍的环境，激发了人类寻找"第二地球"的热情。

图2　另一个地球概念图

在母恒星耀眼的光辉内同时观测行星，难度很大，因此，只有很少的太阳系外行星被直接观测到。取而代之的，天文学家通常都采用间接的方法来侦测太阳系外的行星，目前有好几种间接的方法都取得了成功。

273

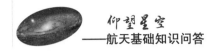

天体测量法是搜寻系外行星最早期的方法，这个方法是精确地测量恒星在天空的位置及观察那个位置如何随着时间变动。如果恒星有一颗行星，则行星的引力将令恒星在一条微小的圆形轨道上移动，即恒星和行星围绕着它们共同的质心旋转（二体问题）。由于恒星的质量比行星大得多，所以它的运行轨道比行星小得多。

图3　开普勒太空望远镜

在20世纪50年代至60年代，据说曾有超过10个是通过天体测量法找到的系外行星，现在一般都认为是错误发现，因为即使最佳的地面望远镜也难以准确分辨恒星极微小的移动。到了2002年，哈勃太空望远镜才首次成功以天体测量法发现Gliese 876行星。未来的太空天文台，例如NASA的太空干涉任务（Space Interferometry Mission），可能会运用天体测量法发现更多系外行星，但目前为止这种方法仍未获得普遍成功。天体测量法的一项优势是对大轨道的行星较为敏感，因此能和其他对小轨道行星敏感的方法互补不足，然而这种方法需要数年以至数十年的观测才能确认结果。

和天体测量法相似，视向速度法同样利用了恒星在行星引力作用下在一条微小圆形轨道上移动这个事实，但是目标是测量恒星向着行星或离开行星的运动速度。根据多普勒效应，恒星的视向速度可以从恒星光谱线的移动推导出来。

因为恒星围绕质心的轨道很微小，其运动速度相对于行星也是非常低的，然而现代的光谱仪可以侦测到小于1米/秒的速率变动，例如欧洲南方天文台（European Southern Observatory）的高精度视向速度行星搜索器（High Accuracy Radial Velocity Planet Searcher，HARPS），以及凯克天文台的高分辨率阶梯光栅光谱仪（HIRES）。

图 4 凯克天文台

视向速度法是目前为止发现最多系外行星的方法，亦称作"多普勒法"或"摆动方法"。这种方法不受距离影响，但需要高信噪比以达到高准确度，因此只适用于寻找离地球相对较近（160 光年以内）的恒星和质量大而轨道小的行星，大轨道的行星则需要多年观测。轨道和地球视向垂直的行星只会造成恒星很小的视向摆动，所以更难发现。

通过凌日法可以确定行星的半径。当一颗行星从母恒星盘面的前方横越时，可以观察到恒星的视觉亮度会略微下降一些，而这颗恒星变暗的程度取决于行星相对于恒星的大小。然而，这种方法有两个主要的缺点。首先，行星凌日的现象只有在行星轨道与天文学家的观测点对齐时才能观测到，而且行星轨道平面在视线方向上横越过恒星前方的概率，和恒星的大小与行星轨道直径的比率有关。对在 1 天文单位的距离上，绕着太阳般大小恒星运行的行星，能够对齐而发生凌日的概率是 0.47%。但是，若能同时扫描包含成千上万，甚至数十万颗恒星的大面积范围，能够因凌日现象而发现系外行星的数量原则上会超过视向速度法，虽然它不能回答任何特定的恒星是否有行星的问题。其次，凌日法检测结果的虚假率很高。因此，凌日法所检测出来的信息通常需要通过视向速度法进行复检。

凌日法的优点是可以从光变曲线测定行星的大小，在与视向速度法（可以测量行星的质量）结合后，能够测出行星的密度，然后可以对行星的物理结构有更多的了解。到目前为止，已经有许多系外行星经由这两种方法得知特性。

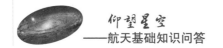

　　CNES 的 COROT 任务，从 2006 年开始在轨道上搜寻凌日的行星，由于没有了大气层的闪烁，精确度得以提高。这项任务可以检测出大小为地球质量数倍的系外行星，并且实际使用效果比期望的更好，并在 2008 年年初发现了两颗系外行星"热木星"。

　　2009 年 3 月，NASA 的开普勒太空望远镜发射升空，使用凌日法持续扫描天鹅座十万颗以上的恒星，想借此来寻获行星的位置。开普勒太空望远镜的灵敏度不仅能检测出比地球更小的系外行星，也能够收集类似太阳的恒星周围行星的数位统计资料。

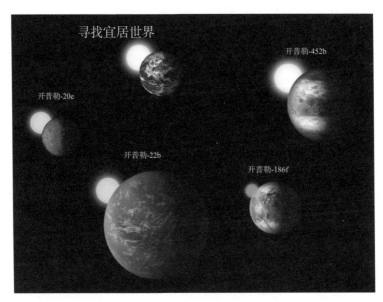

图 5　NASA "另一个地球" 概念图

　　虽然关于恒星的行星系还有不少问题，但是随着科技的进步，必将观测到更多的系外行星。是否会有那么一天，我们真的能找到像地球一样的美好家园呢？让我们拭目以待。

参考文献

［1］　https://en.wikipedia.org/wiki/Exoplanet.

［2］　底波拉·科普斯.系外行星［M］.北京：化学工业出版社，2015.

［3］　Petigura E A, Howard A W, Marcy G W. Prevalence of Earth-size planets orbiting Sun-like stars［J］. Proc Natl Acad Sci U S A，2013，110(48):19652.

［4］　Schwarz R，Bazso A，Zechner R，et al. Binary catalogue of exoplanets［J］. Astroparticle Physics，2016.

［5］　Batalha N M. Exploring exoplanet populations with NASA's Kepler Mission.［J］. Proc Natl Acad Sci U S A，2014，111(35):12647-12654.

［6］　邓祖淦.太阳系外行星的搜寻和发现［J］.物理，1998(1): 62-63.

相关链接

迷你太阳系——开普勒 -90

2017 年，NASA 通过分析开普勒太空望远镜的观测数据发现，在距离地球 2545 光年的开普勒 -90 星系中，存在第八颗行星——开普勒 -90i。这也使得开普勒 -90 星系与太阳系并列成为行星数量最多的星系，它就像一个"迷你太阳系"。最重要的是，这颗名为开普勒 -90i 的行星是第一次使用人工智能技术发现的。NASA 的科学家通过使用 Google 机器学习技术来对开普勒太空望远镜数据进行分析，效率和准确性上也远远超过传统的分析方法。

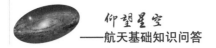

63 火星上有生命吗?

1877 年,意大利天文学家斯基帕雷利从望远镜里看到火星上那些隐隐约约的"暗沟",它们就像海峡连接着大海一样,把一些宽广的暗区连接了起来。这一重要发现迅速传播,于是火星上存在智慧生物的消息不胫而走,也由此展开了一场持续 30 多年的争论。一些科学家设想,火星世界存在一个古老的文明,由于火星的气候恶化致使火星人不得不开凿运河,从大的湖泊中引水灌溉来维持生态。另外一部分天文学家持否定态度,所谓"运河"不过是人的视觉误差而已,根本就没有真实存在的运河,这个正确的观点直到 1913 年才被天文学家通过更先进的观测手段证明。

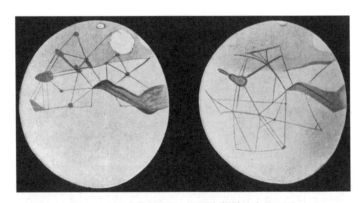

图 1 1898 年帕西瓦尔·罗威尔描绘的火星运河

1976 年,"海盗号"终于踏上火星,人们这才发现原来火星是一个贫瘠的星球。20 年后,一颗来自火星的陨石坠落在南极洲,其中发现了一些极有争议的结构重新让人们展开了对火星的讨论。2000 年 12 月 4 日,NASA 发布了一张火星沉积岩照片,美国太空研究人员据此表示,照片上的沉积岩层和地球上因水流形成的沉积岩层十分相似,其年代大约在 35 亿~43 亿年前。有关专家就此判断火星表面在数十亿年前就曾有湖泊存在,在这里或许能找到生命的遗迹,这样的推论进一步证实了火星上有生物的猜想。

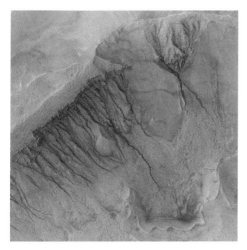

图2 火星表层

2001年4月7日，奥德赛火星探测器发射升空，开始了一次漫长的火星之旅。NASA公布"奥德赛"首批观测数据显示，火星南半球上有冰水存在的迹象，并发现在火星表面不深的地方可能埋藏着非常多以冰冻状态存在的水，足以支持人类将来在火星进行探险活动。

2003年6月2日，ESA发射了火星快车号探测器，上面搭载的高分辨率立体相机（HRSC）拍摄的照片显示，在火星北极附近一个宽35千米、深达2千米的环形山底部，有一块由水凝结成的、高达200米的大型冰块。由于温度和压力不足以使冰融化，因此这个白色区域终年存在。科学家们判断这块冰不可能是干冰，因为拍摄照片的时间是火星北半球的夏季末，火星北极地区的干冰已经消失。

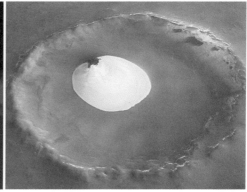

图3 火星快车号探测器（左）和它拍摄到的水冰（右）

水的存在意味着微生物可以在环境中生存，这是孕育生命的第一步。2005年8月12日，NASA发射了火星勘测轨道飞行器（MRO），它最主要的目标是寻找火星上是否有水存在的证据，并且收集火星大气与地理的特征。

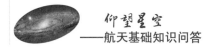
之前观测到火星表面的地貌，随季节变化而呈现出明暗不同的区域，被科学家看作是水流作用于火星地表的证据，这个发现不仅意味着人类对火星有了更深入的了解，也意味着人类向火星移民的可能性更进了一步。

图4　MRO（左）及其拍摄到的火星暗色条纹（右）

参考文献

［1］　Mumma，Michael J. The Search for Life on Mars. Origin of Life Gordon Research Conference，January 8，2012，Galveston，TX.

［2］　Chang，Kenneth. Visions of Life on Mars in Earth's Depths. New York Times. Archived from the original on September 12，2016.

［3］　McKay Christopher P，Stoker Carol R. The early environment and its evolution on Mars: Implication for life［J］. Reviews of Geophysics，1989，27 (2): 189−214.

［4］　欧阳自远.火星生命的探索［J］.天文爱好者，1998(3): 2−4.

［5］　Bertaux，Jean-Loup，et al. Discovery of an aurora on Mars［J］. Nature Magazine，2005，435(7043): p. 790−794.

64 木卫二上有生命吗?

木卫二这颗以希腊神话中腓尼基公主欧罗巴命名的冰封星球,在太阳系形成之初就可能存在与岩石接触的海洋,具备液态水、能量来源和有机化合物这三种地球人所了解的生命存在的基本要素,是我们当前探测能力范围内最有可能发现生命的地方之一。

伽利略于 1610 年 1 月 8 日在帕多瓦大学,使用自制的 20 倍折射望远镜发现了木星的四颗大卫星。而在前一天的观察中由于望远镜的倍数太小,竟然没有将木卫一和木卫二区分开,两者被记录成了一个单点,直到第二天才正式确认了木卫二是独立存在的物体。之后的 300 多年间,比月球略小的木卫二一直都平淡无奇,20 世纪 60 年代的地基望远镜观测结果表明,与外太阳系寒冷区域的行星没有什么不同,木卫二也仅是一个被水冰所包裹的、透心凉的"死星"而已;赤道黑暗处的温度最高是 −133 摄氏度,极地明亮区域温度最低为 −223 摄氏度。

20 世纪 70 年代初,先驱者 10 号和 11 号探测器在飞掠木星时,由于太过遥远,并没有获得其卫星的清晰图像;旅行者 1 号和 2 号探测器在 1979 年终于对伽利略卫星进行了首次精确成像,虽然因距离还是很远,分辨率只有每像素 2 千米,但仍然揭开了木卫二的神秘面纱。

木卫二就像一个线绳缠绕的玻璃球,也像一个破裂的鸡蛋,

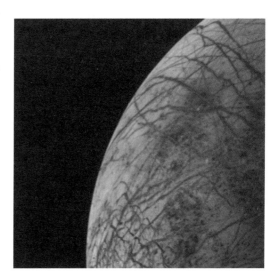

图 1　木卫二表面示意图

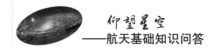

其表面要比我们所熟知的月球光滑、明亮得多。研究人员发现一些深色的条状地带，有着轮廓边缘彼此吻合的两个对立面，就像由于某种原因被撕裂分开之后，下面的深色物质涌出填补了空隙一样，这说明星球表面一直是比较活跃的。

木卫一、木卫二和木卫三3颗卫星处于拉普拉斯共振状态，这也是太阳系中唯一的三体共振现象。木卫三每绕母星一圈（每圈7.2个地球日），木卫二就绕行两圈（每圈3.6个地球日），而木卫一则绕行四圈（每圈1.8个地球日）。它们之间的引力相互拉扯，将公转轨道变成了拉长的有较大偏心率的椭圆形，在每一次绕行木星的过程中，先是距离母星越来越近，然后又越来越远。结果就是每颗卫星都被时而拉伸、时而挤压，就像被不断搓圆按扁的面团一样，反复屈伸摩擦产生了热量。木卫一在这个过程中地面的起伏幅度高达100米，就像是在不停地颤抖。在地球上潮汐最强的地方，高低潮的落差只有18米，然而这只是水并不是坚实的地壳。

潮汐加热效应随着与母星距离的增加而显著下降，最近的木卫一温度高到足以使其内部物质融化而存在一个液体核；较远的木卫二受热虽然没有那么强烈，但仍可能驱动海底火山活动。理论计算表明，其内部温度有可能使得接近岩石层的冰保持融化状态，从而拥有一个全球性的海洋。

与水直接接触、富含矿物的温暖的热岩石非常重要，因为这可以发生水热化学反应，能够提供氢气和还原性化学物质（电子供体）。而被木星强于地球16~54倍的磁场从太阳风和木卫一火山喷发物中捕获的粒子，会以极高的能量撞击到木卫二冰冷的表面，产生氧化性化合物（电子受体）；紫外线辐射和高能粒子还会将地表水分子分解产生氧气；这些物质都可能会通过地质活动被运送到冰壳下的海洋中，由此就具备了和地球原始生命模式相似的能量循环过程的环境条件。木星拥有太阳系中最大的磁气圈，充满了高能粒子，辐射性极强。

科学家还发现表面上一些最长的线性条带的特征，并不符合由轨道运行引起的潮汐模式预测的结果。但如果木卫二的表面可以独立移动，没有与整个星球完全锁定在一起，也就是说地表与内部的自转是不同步的，表层若旋转的略快，那么就能更好地符合应力模型，就好像冰壳与内部深层之间存在一层液体或稍微加温的更软的冰在润滑一样。

木卫一与木卫二独特的形态和反常的性状，引起了科学家们的强烈兴趣，对此的研究在20世纪80年代初进入了高潮，这些惊人的发现直接促成了伽利略探测计划的实施。其主要目标是探测木星和其卫星的化学组成、物理状态和磁场等数据。

2吨多重的伽利略号探测器，在1989年由亚特兰蒂斯号航天飞机释放进入太空，历经6年的长途跋涉，于1995年12月飞临木星。探测器每一次接近木卫二时，科学家都仔细跟踪其发出的无线电信号，以探测木卫二的重力场。被潮汐力影响的卫星会发生形变，所以其重力场也不是完美的球形，这种不规则的力会使探测器相对于地球地面站的运动速度产生轻微变化，而这种运动速度改变可以通过地面站接收信号频率的变化（多普勒频移）来进行测量。

伽利略号探测器的观察测量结果和理论分析表明，木卫二的冰壳厚度约为15~25千米，液态海洋深度约为60~150千米。表面的地质年龄可能在2000万~1.8亿年之间，这与星球形成的几十亿年相比是非常年轻的，部分地表区域至今仍然可能是活跃的。

2016年，NASA发布了一个重大新闻，木卫二喷发出了200千米高的水汽冰羽。水汽冰羽的喷发，第一是直接确认了木卫二有极大的可能性存在液态海洋，第二是使得无人着陆器采集来自冰壳下海洋物质的可行性变为了现实。这给所有关注木卫二的科学家打了一剂强心针，促使NASA高层严肃认真地对待这一问题，将有限的经费向木卫二探测任务大幅倾斜。

NASA在2017年3月初宣称，木卫二探测任务"欧罗巴快船（Europa Clipper）"正在设计之中，预计在21世纪20年代中期发射，之后几年可能会发射着陆探测器。无论最终的研究结果如何，都可能会改变我们对于宇宙和生命的认识。

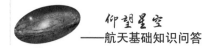
参考文献

［1］ Solar System Exploration: This is the 2006 Solar System Exploration Roadmap for NASA's Science Mission Direction. Unversities Space Research Association. 2006.

［2］ 土卫二发现粘土型矿物，为找寻生命提供线索，亚太日报 . 2013-12-12.

65 土卫二、土卫六上有生命吗?

1789 年,威廉·赫歇尔发现了土星的第六大卫星——土卫二,在旅行者号探测器探测土星之前,人们只知道土卫二是一个被冰覆盖的卫星。旅行者 1 号探测器发现土卫二的直径约为 500 千米,而且表面几乎能反射百分之百的阳光,其轨道位于土星 E 环最稠密的部分。而旅行者 2 号探测器则发现,尽管土卫二的体积不大,但表面既存在古老的撞击坑构造,又存在较为年轻的、地质活动所造成的扭曲地形构造,其中一些地区的地质年代只有 1 亿年。土卫二的轨道摆动表明,其内核与冰冻的外壳会发生轻微的相互滑动,这一情况的最佳解释为,有一个至少 25 千米深的全球性液态水海洋潜藏在土卫二的地下。

2014 年,NASA 宣布"卡西尼号"发现了土卫二南极地底存在液态水海洋的证据,其厚度约为 10 千米。南极附近的冰火山以每秒 200 千克的喷射量,向太空喷出大量水汽和其他挥发物,其中夹杂着类似氯化钠晶体、水冰等固态粒子。冰火山喷出的水有一部分以"雪"的形态落回土卫二表面,一部分融入土星环中,另一部分甚至可到达土星,这些羽状喷射物也为土星 E 环物质来源于土卫二的观点提供了重要的证据。2015 年 9 月 16 日,NASA 根据"卡西尼号"的探测数据确认,土卫二表面冰层下拥有全球性海洋,而且海洋的底部有水热活动,即存在海底热泉。

2005 年,"卡西尼号"首次在土卫二的南极探测到羽状喷射物。多年来,卡西尼号探测器一直在近距离观测土卫二的间歇泉,并在喷射物中发现了水蒸气、盐、二氧化硅的痕迹,这些都是地球生命赖以生存的物质。"除了地球,我们对土卫二的海洋了解最多,而且研究难度并不大,因为它向太空喷发了大量的羽状物!"卡西尼号影像团队的负责人 Carolyn Porco 说道。

图 1　卡西尼号探测器拍摄到的土卫二冰冻表面的虎纹裂缝

1655 年 3 月 25 日，荷兰天文学家克里斯蒂安·惠更斯发现了土卫六（Titan）。土卫六是土星的卫星中体积最大的，也是太阳系第二大的卫星，由于它拥有浓厚的大气层而被高度怀疑有生命体的存在，科学家也推测大气中的甲烷可能是生命体的基础。土卫六可以被视为一个时光机器，有助于我们了解地球最初期的情况，揭开地球生物诞生之谜。2004 年，卡西尼号探测器开始进入土星环绕轨道，大量记录了土卫六稠密大气以及大气下的崎岖地貌和平坦洋面的资料。但土卫六的海洋并非蓄满水，而是甲烷和乙烷这些烃类物质。

图 2　土卫六的伪彩色照片

土卫六上寒冷刺骨，温度低至 -180 摄氏度，即便生命存在，也没法用和地球生命相似的化学原理解释。然而实验室模拟确认，尽管这颗星球这么寒冷，其表面仍然能生成构成蛋白质的基本物质——氨基酸。共价键对地球生命碳化学过程至关重要，虽然它无法在土卫六上快速形成和断裂，但较弱的范德华力却变得足够强韧，可以在生物化学过程中扮演出彩的角色。

通过先进的科学技术，人类已经找到众多奇异的行星及其卫星，它们中的绝大部分与地球大相径庭。鲁奈说："在探索未知领域时，我们不能被已知的东西限制住。我们也不能在寻找生命起源的钥匙时，被'水环境'这片叶子遮住眼睛。"

参考文献

［1］ 高凌云.土卫二上有生命吗［J］.现代物理知识，2011(4): 51.

［2］ 卡罗琳·波尔科.去土卫二搜寻生命［J］.谢懿，译.环球科学，2009(1): 18-27.

［3］ 宗合.土卫二上会有生命吗？——科学家找到液态水存在的首个证据［J］.太空探索，2006(5): 3.

［4］ 沈羡云，唐承革.土卫六能孕育生命吗？［J］.百科知识，2005(3X):18-19.

［5］ Platt Jane，Bell Brian. NASA Space Assets Detect Ocean inside Saturn Moon. 2014.

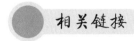

相关链接

土卫二极地地图

1981 年 8 月，旅行者 2 号探测器在人类历史上首次近距离观测到了土卫二，科学家在对已获得的图像信息进行分析后发现，固态水（冰）使得土卫二表面发生了很大变化，使其成为太阳系中几何反射率最大的天体，达 138%。正因为它反射了如此之多的阳光，其平整地表的夜间温度较其他土星卫星寒冷，仅为 -198 摄氏度。2005 年，"卡西尼号"三次飞掠土卫二，发现之前旅行者 2 号探测器所观测到的平坦地形，实际上是一些撞击坑分布较少的地区，这

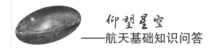

类地区还分布有山脊和悬崖。同时，在地质年龄较大、撞击坑分布密集的地区，还发现了数目众多的地缝，这证明在撞击坑大量形成之后，这一地区还经历了剧烈的地质运动。

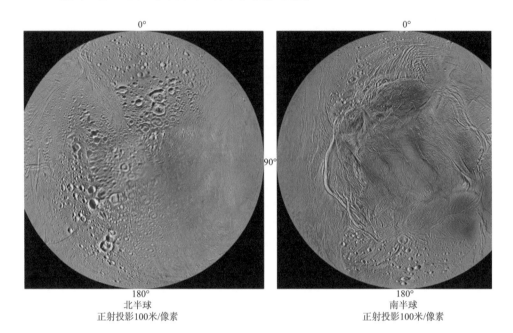

北半球
正射投影100米/像素

南半球
正射投影100米/像素

66 寻找地外生命的射电望远镜

航天之父齐奥尔科夫斯基说过："地球是人类的摇篮，但人类不能永远生活在摇篮里。"面对苍茫宇宙，生活在摇篮里的我们也不可避免地感受到孤独，一直在寻找地外文明。著名物理学家史蒂芬·霍金和俄罗斯投资家尤里·米尔纳于 21 世纪初共同创建了一个寻找外星生命的计划——突破倡议（Breakthrough Initiatives）。整个计划分为几个子项目：突破聆听项目将会从超过 100 万个恒星系统中寻找可能发射出的无线电或激光信号；突破信息项目准备设计出一条代表人类与地球的信息，在不久的将来送入太空；突破摄星项目则与马克·扎克伯格合作，试图发射数千个小探测器至最近半人马座阿尔法星附近，速度高达光速的 20%；突破观察项目准备识别和分类位于地球 20 光年以内的类似地球的岩质行星。

对地外文明的探索，离不开射电望远镜。射电望远镜是指观测和研究来自天体的射电波的基本设备，可以测量天体射电的强度、频谱及偏振等量。有着"天眼"之称的 500 米口径球面射电望远镜（FAST）坐落在中国贵州省平塘县的喀斯特洼坑中，历时 22 年建成，是具有我国自主知识产权、世界最大单口径、最灵敏的射电望远镜。2016 年 9 月 25 日，FAST 开始接收来自宇宙深处的电磁波，目前已累计发现脉冲星超过 240 颗。借助这只巨大的"天眼"，科研人员可以窥探星际之间互动的信息，观测暗物质、测定黑洞质量，甚至搜寻可能存在的地外文明。众多独门绝技让其成为世界射电望远镜中的佼佼者，这也将为世界天文学的新发现提供重要机遇。

格林班克望远镜（Green Bank Telescope）是世界最大全天可动的单天线射电望远镜，位于美国西弗吉尼亚州格林班克，这台望远镜又用于纪念已故的参议员罗伯特·C.伯德，他曾代表西弗吉尼亚州通过国会推动该望远镜的资助。1962 年建造的 90.44 米抛物面望远镜，因丢失了保持结构完整的关

图 1　中国"天眼"望远镜（左）和美国格林班克天文望远镜（右）

键组件（箱型梁组件中的角撑板），而于 1988 年 11 月 5 日倒塌。格林班克望远镜在其之后建成，它高 146 米，重 7700 吨，造价 7900 万美元，最大的特点就是可以自由地转动，细微至能调整每一块铝制面板的位置以纠正镜面的形变。

参考文献

［1］　Li D，Nan R，Pan Z . The Five-Hundred-Meter Aperture Spherical Radio Telescope (FAST) Project ［J］. Proceedings of the International Astronomical Union，2012，20(S291):989-1024.

［2］　赖迪辉 . 500 米口径球面射电望远镜［J］. 百科探秘：海底世界，2019(7): 32-35.

［3］　Miller F P，Vandome A F，Mcbrewster J，et al. Green Bank Telescope［M］. Alphascript Publishing，2010.

［4］　Murdin P . Lick Observatory［J］. Encyclopedia of Astronomy & Astrophysics，2000.

67 寻找地外生命的光学望远镜

（1）开普勒太空望远镜

开普勒太空望远镜是 NASA 设计用来发现环绕着其他恒星的类地行星的太空望远镜，使用 NASA 研发的太空光度计，历经九年多的时间，在绕行太阳的轨道上，观测 10 万颗恒星的光度，检测是否有行星凌星的现象（以凌日的方法检测行星）。为了纪念德国天文学家开普勒，这个任务被命名为开普勒任务。

NASA 的艾姆斯研究中心是这个任务的主管机关，提供主要的研究人员并负责地面系统的开发、任务的执行和科学资料的分析。贝尔太空科技公司负责开普勒任务飞行系统的开发。

开普勒望远镜于美国东部时间 2009 年 3 月 6 日 22 时 49 分 57 秒从美国佛罗里达州的卡纳维拉尔角空军基地发射，已确认了 130 多个系外行星，发现了超过 2700 颗候选行星。

2013 年 5 月 15 日，开普勒太空望远镜由于反应轮故障，无法设定望远镜方向，因此被迫停止其搜寻系外行星任务。同年 8 月 15 日，NASA 宣布放弃两个故障的反应轮，使用剩下两个正常的反应轮重新开始工作。

2018 年 10 月 30 日，开普勒太空望远镜推进剂已完全耗尽，正式退役。后续任务将由同年 4 月发射升空的凌日系外行星巡天卫星（TESS）接手。

（2）凌日系外行星巡天卫星

凌日系外行星巡天卫星（Transiting Exoplanet Survey Satellite，TESS）是 NASA 探索者计划中的一环。凌日系外行星巡天卫星的主要任务目标是调查地球附近 300 光年内的恒星是否有行星存在。凌日系外行星巡天卫星研究一大群小型行星，包括行星的质量、大小、密度及轨道等。凌日系外行星巡天

图1 开普勒太空望远镜构造

卫星将提供詹姆斯·韦伯太空望远镜以及未来的其他太空或地面望远镜进一步观测的目标。

2018年4月，NASA于卡纳维拉尔角空军基地成功发射凌日系外行星巡天卫星。8月7日，卫星朝大麦哲伦星系拍下首张影像，并在一个多月后正式对外公开。大约同时，由该卫星所发现的第一颗系外行星山案座 π c（π Mensae c）的研究也被发表。

2019年8月2日，NASA宣布，运行中的凌日系外行星巡天卫星，发现一颗潜在适居行星 GJ 357 d（距太阳系仅仅31光年）。

图2 凌日系外行星巡天卫星示意图

参考文献

［1］ Boyajian，Rappaport，Fabrycky，et al. Planet Hunters X.KIC 8426852-Where's the flux ？ MNRAS. 2015.

［2］ NASA selects MIT-led TESS project for 2017 mission. MIT News. 2017.

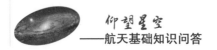

68 寻找地外生命的红外望远镜

罗曼空间天文台（Roman Space Telescope）原名大视场红外巡天望远镜（Wide Field Infrared Survey Telescope，WFIRST），是 NASA 的一个红外空间观测站，它在 2010 年被美国国家研究理事会十年巡天委员会推荐为未来十年天文学的首要任务。2016 年 2 月 17 日，WFIRST 正式立项，其目标之一为完成对系外行星的普查，以帮助回答有关宇宙中生命潜力的新问题。2020年 5 月 20 日，NASA 将大视场红外巡天望远镜更名为罗曼空间天文台，纪念 NASA 第一位女首席天文学家南希·格雷斯·罗曼，表彰她在规划哈勃太空望远镜方面的贡献。

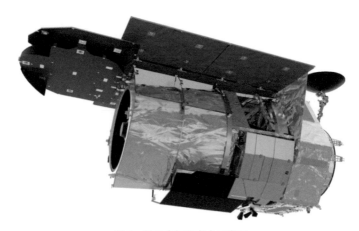

图 1　罗曼空间天文台示意图

詹姆斯·韦伯太空望远镜（James Webb Space Telescope，JWST）是计划中的红外线太空望远镜。原计划耗费 5 亿美元，但由于各种原因，导致项目严重超支，发射时间数次推迟，最新预估总耗费高达 96.6 亿美元，发射时间改为 2021 年。2019 年 8 月 28 日，NASA 表示该望远镜首次组装完毕。它是 ESA 和 NASA 的共用计划，也是哈勃太空望远镜和斯皮策太空望远镜的后继计划。它拥有一个直径 6.5 米、分割成 18 面镜片的主镜。不像哈勃太空望远镜那样围绕地球旋转，詹姆斯·韦伯太空望远镜飘荡在地球背向太阳的后面 150 万千米的太空中。

参考文献

［1］ NASA Telescope New Wider Set of Eyes on the Universe. 2016-02-18.

［2］ NASA Telescope Named For 'Mother of Hubble' Nancy Grace Roman. 2020-05-20.

［3］ Jenner，Lynn. NASA James Webb Space Telescope Assembled for the First Time. NASA. 2019-08-28.

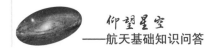

69 突破摄星计划

2016年，著名物理学家史蒂芬·霍金发布了一个他和俄罗斯投资家尤里·米尔纳共同启动的超级科研项目——突破摄星项目。该计划将建造激光推进的纳米级微型星际飞行器，预计最快速度可达光速的五分之一，用20~30年便可抵达离太阳系最近的恒星系统——半人马座阿尔法星系。该项目尽管在理论上是可行的，但在工程技术实现上却是一项冒险计划。

半人马座阿尔法星系包括三颗恒星，分别为半人马座 α 星A、半人马座 α 星B、半人马座 α 星C。前两者靠得很近而组成了一个双星系统，中国古代称为南门二；后者一般称为比邻星，是距离太阳最近的一颗恒星（4.2光年，属于红矮星）。

图1 半人马座

突破摄星项目中提出的"纳米飞行器"主要由两部分构成：计算机芯片大小的"星芯片"和不过几百个原子那么厚的"光帆"，其中仅有数克重的"星芯片"上携带着摄影、导航和通信等设备。"纳米飞行器"可以在几分钟内加速到光速的五分之一，即每秒飞行6万千米。相比之下，迄今为止人类历史上飞行速度最快的航天器——"新地平线号"，在飞越木星加速后的

296

峰值速度仅为每秒 20 千米，这一速度飞到冥王星就用了 10 年的时间，而飞到比邻星则需要一万四千年以上，显然是人类难以承受的。因此，米尔纳和霍金希望研制速度为光速五分之一的纳米飞行器，在二三十年内就可以飞越 4 光年以上的距离，其主要目的是希望快速抵达离我们最近的另一个恒星系统，去探索那颗恒星周围的

图 2　完全展开后的光帆效果图

行星，在带去人类信息的同时，也把那里的信息带回地球。

　　按照计划，科学家需要先在地球上建造大规模的地基激光发射器，然后发射一个航天器将数千个纳米飞行器带入太空。纳米飞行器进入太空后张开光帆，地面上的激光发射器聚焦激光束，把强大能量的激光打在光帆上，提供纳米飞行器飞行的动力。所谓光帆，是靠光压推动帆面，进而提供推力的结构。

图 3　激光发射器阵列（左）与激光束驱动飞行器加速飞行（右）

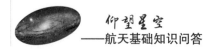

这一方案从理论上是可行的,但目前还没有能力制造出这五分之一光速的飞行器。难点之一,激光推进需要在地面建设强大激光源,不断地跟踪、照射飞行器,但激光源从遥远距离难以一直瞄准如此小的纳米飞行器;难点之二,由于光的能量与距离平方成反比,随着飞行器离地球越来越远,激光所能提供的动能也会迅速衰减;难点之三,即便纳米飞行器真的飞到了比邻星,如何把信息传回来也是一个巨大的问题。

目前航天器上都有一个外形像锅一样的天线,向地球方向发射无线电波,但这种方法显然不适用于纳米飞行器,因此需要一种全新的通信体制,既轻便又能避免能量快速衰减。

探索未知世界是人类的天性,科学家受好奇心驱使,总是处于人类创新的前沿。成功的科学家和投资者有共同的特质,那就是既需要有一往无前的勇气,也需要严慎细实的精神。

参考文献

［1］　张国庆.穿越比邻星——"突破摄星"计划［J］.中国国家天文,2017(4): 88-90.
［2］　方陵生.突破摄星计划:走出太阳系［J］.世界科学,2017(3): 4-7.
［3］　Lubin P . A Roadmap To Interstellar Flight［J］. Journal of the British Interplanetary Scoiety,2016,69(2-3): 40-72.

第五章
梦逐未来

70 人类可以高效利用宇宙资源吗?

人类的历史可以说就是人类利用资源的发展史。未来的发展潜力,很大程度上取决于我们对于现有资源的利用方式。一般来说,人类对于能源的利用大致可以分为三个时代。

柴草能源时代,人类学会利用火,结束了茹毛饮血、以采摘野果为主的生活。他们以草木取暖、吃熟食,靠人力、畜力,以及来自太阳、风和水的动力从事生产活动。

化学能源时代,人类发明了蒸汽机和发电机等,使能源消耗从柴草转变到煤、石油、天然气等化石燃料,以及电力等为主,生产力得到迅速发展。

多能源时代,这是即将到来的新能源时代,核能、太阳能、氢能等将成为这个时代的主要能源,生产力将得到极大发展。

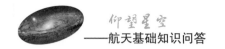
在未来的能源时代，我们能否高效利用宇宙资源来达到人类飞向太空、探索宇宙和让人类文明永久延续下去的目的呢？首先让我们放眼宇宙，盘点一下宇宙中有多少丰富的资源。

太空中可利用的资源比地球上多得多。仅从太阳系范围来说，月球、火星和小行星等天体上，就富含许多镍、铂等稀缺金属或贵金属，甚至可能存在地球上不存在的资源。

在 200~500 千米的低轨道空间真空度为 10^{-4} 帕，而在 35786 千米的地球同步轨道上则为 10^{-11} 帕的高真空度。空间真空蕴含着丰富价值，是地面人为的真空环境无法比拟的。

地球轨道上的太阳辐射强度和宇宙辐射强度比地面大得多，蕴含着丰富的太阳能和热能。特别是宇宙高能重粒子，由于大气的阻挡，很难到达地面。在空间环境中，由于高真空绝热，被太阳直射的物体表面，可达到 100 摄氏度以上高温。

太空的微重力也是一种宝贵资源，利用这种资源可以进行地面上难以实施的科学实验、新材料加工和药物制取等。在微重力条件下，液滴在无浮力的条件下悬浮，冶炼金属时可以不使用容器（即悬浮冶炼）。这样的条件能使冶炼温度不受容器耐温能力的限制，进行极高熔点金属的冶炼，避免容器壁的污染和非均匀成核结晶，改变晶相组织，提高金属的强度。另外，微重力条件下，气体和熔体的热对流消失，不同比重物质的分层和沉积消失，对生产极纯的化学物质、生物制剂、特效药品，以及均匀的金属基质复合材料、玻璃和陶瓷等也很有用。

太空旅游观光也是一种资源，美国、日本等国已在筹划建设太空饭店。如果发展顺利，人类进入太空观赏宇宙美景，回头观望人类的摇篮——地球，已为期不远了。在月球上发现冰冻水以后，已有人设想在月球上建造度假宾馆，到时还可欣赏月球景色。

宇宙资源十分丰富，还有很多是我们现在还没有发现或者还不能完全明确的，例如太空反物质资源、强宇宙粒子射线资源、宇宙自由夸克资源等。

虽然现阶段我们无法完全利用宇宙这座大宝库的所有资源，但是我们能做到利用其中一部分资源或者对其中一些资源的利用做出计划，相信随着我们对宇宙的认识不断深化，终有一天，我们可以高效利用宇宙中的各种资源。

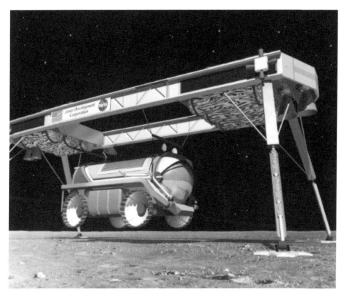

图 1　月球资源运输车示意图

首先就从离地球最近的天体——月球开始说起，20 世纪 70 年代，美国的阿波罗登月飞船和苏联的月球号探测器分别从月球上带回了月岩和月壤样品。经过科学家的仔细分析，发现月球上蕴含着丰富的矿产资源。这无疑为人类解决地球矿产资源短缺问题打开了一扇新的大门，月球表面主要存在三种岩石类型。第一种是月海玄武岩，主要分布在月球表面上广阔的月海洼地，其中含有丰富的铁和钛元素。据估计，分布在月海洼地上的玄武岩体积大概有 100 万立方千米，而其中达到开发程度的铁钛矿资源更是达到 100 万亿吨。第二种是苏长岩，亦被称为非月海玄武岩。苏长岩中含有丰富的钾、磷和稀土元素，据估计月球上稀土元素的含量大概有 200 多亿吨。第三种是富铝斜岩，主要由斜长石和辉石组成。除了月岩，月球表面的沙土同样含有丰富的矿产资源，如铁、钛、铜等。比如最常用的铁元素，仅月球表面 5 厘米厚的沙土中就含有上亿吨的铁，而整个月球表面的沙土厚度平均有 10 米，可想而知月

球上铁矿资源的丰富。此外，月球土壤中还含有丰富的氦3，稀有金属的含量也比地球上的含量高。

既然月球上存在如此丰富的矿产资源，那人类应该如何去利用月球上的矿产资源呢？事实上，自科学家发现月球上含有非常丰富的矿产资源后，人类就一直在想方设法去开发月球上的资源。目前对于月球矿产资源的利用，人类猜想主要有以下两种方式。

一是通过航天器将月球上的矿产资源运送到地球上，再在地球上加以利用，也就是所谓的"太空采矿"。例如，氦3在地球上的含量非常少，而月球上氦3的含量却比较丰富。利用氦3与氘产生的核聚变可用于核电站发电，相比于目前地球上采用的核能发电，这种核聚变不仅能实现可控，而且在反应过程中释放的能量更多，反应后不产生中子，因此不会产生辐射，既安全又无污染。此外，利用该核聚变反应，可以为航天器提供充足且持续的能量，还不会对航天器的运行产生任何影响，这能够为未来进行宇宙探索做充足动力准备。目前各国对月球矿产资源的开发计划，首先就是从氦3开始的。但由于目前航天运输的成本过高，登陆月球开采的难度较大，所以并没有哪个国家真正开始对月球上矿产资源的开采。

另一种是直接在月球上利用。就目前来说这种方式实现的难度更大，但却是未来的发展趋势。1998年3月，NASA公布月球勘探者号探测器在月球的两极发现大量液态水的存在，其储量大概在0.1亿吨到3亿吨。这一惊人的发现让人类对开采月球上的矿产资源充满了希望。因为有液态水的存在，人类在月球上建立基地就成为了可能。为了更好地开发月球上的矿产资源，人类计划在月球上建立永久性的基地，大概需要分以下几个阶段：勘察月球上的地势及矿产资源分布；初步建立基地，用于人类短暂居住和工作；建立月球生产基地，此时人类可以在月球上长期居住，并开始正常开采月球资源。

放眼更大的角度，我们知道太阳系有两个小行星带，一个是位于木星和火星之间的小行星带，另一个小行带就是位于太阳系边缘的柯伊伯带，这是一条围绕太阳系的巨大环形带，这里面的小行星多到无法估计，而且其中许多小行星富含镍、铂等稀缺金属或贵金属。NASA 的报告指出,仅一颗直径 1000 米的小行星,就可开采 7500 吨铂。有私营企业估计,开采一颗直径 50 米的小行星或可获利 5000 亿美元。

图 2　小行星开采示意图

可能这些现在说起来就像天方夜谭,但随着人类的发展和进步,相信总有一天我们能够高效利用宇宙这座大宝库。

参考文献

[1]　王大轶."深空探测航天器的自主运行技术"专刊前言[J].控制理论与应用,2019,36(12):1965.

[2]　J R Morris. Chameleon gravity and satellite geodesy[J]. Astrophysics and Space Science,2014,354(2).

[3]　宇宙辐射,是资源还是祸害?[J].太空探索,2002(10):28-29.

[4]　李铁.宇宙资源的开发与宇宙环境危险[J].中学地理教学参考,2000(9):18.

[5]　曲德林.宇宙中的太空资源[J].中学地理教学参考,1995(12):41.

[6]　黄蜀.丰富的宇宙尘资源[J].矿产与地质,1988(3):79.

71 宇宙飞行还能再快点吗?

从人类发射第一个航天器以来，短短二十几年的时间里，齐奥尔科夫斯基所预言的"人类将首先小心翼翼地穿过大气层，然后去征服太阳系空间"就成为了现实，人类探索星空的步履不可谓不迅速。但是，相对于无尽的星空而言，这步履依然太过缓慢。

率先飞越太阳系边际的先驱者 10 号探测器如今正在一片冷寂的空间中滑行着，在满天的繁星之中，要经过多少年它才能飞临下一颗恒星呢? 答案是 200 万年! 那时它将飞临距离我们 68 光年的金牛座（Taurus）。68 光年的距离相对于地球上的任何尺度来说都是极其巨大的，但是相对于远在 2.6 万光年之外的银河系中心，远在 220 万光年之外的仙女座大星云，远在 6000 万光年之外的室女座星系团，以及更为遥远的其他天体来说，无疑是微不足道的。人类的好奇心是没有边界的，可是即便人类航天器的速度再快上许多倍，甚至接近物理速度的上限——光速，用星际空间的距离来衡量，依然是极其缓慢的。

图 1　虫洞示意图

那么，有没有什么办法可以让航天器以某种方式变相地突破速度上限，从而能够在很短的时间内跨越那些近乎无限的遥远距离呢？

虫洞：虫洞是宇宙中可能存在的连接两个不同时空的狭窄隧道，通过虫洞可以做瞬时的空间转移或者做时间旅行。通过虫洞，人类或许可以加快星际旅行的速度。

1962年，罗伯特·富勒和约翰·惠勒发表论文证明，如果虫洞连接同一宇宙的两个部分，那么这类虫洞是不稳定的。1963年，新西兰数学家罗伊·克尔提出假设，使得虫洞的存在重新获得了理论支持。和人类一样，恒星也会经历生老病死的过程，克尔认为，如果恒星在接近死亡时能够保持旋转，就会形成我们在电影中看到的"动态黑洞"。迄今为止，科学家们还没有观察到虫洞存在的证据。

"虫洞说"目前仍是一种假设，但科学的进步离不开大胆的假设。人们一度认为物质的最小组成单位是原子，后来又发现了中子和质子。同样，长久以来，人类也曾认为宇宙是由物质构成的，但暗物质的存在推翻了这一结论。

暗物质：暗物质是理论上提出的可能存在于宇宙中的一种不可见的物质，它可能是宇宙物质的主要组成部分，但又不属于构成可见天体的任何一种已知的物质。大量天文学观测中发现的疑似违反牛顿万有引力的现象可以在假设暗物质存在的前提下得到很好的解释。现代天文学通过天体的运动、牛顿万有引力的现象、引力透镜效应、宇宙大尺度结构的形成、微波背景辐射等观测结果表明，暗物质可能大量存在于星系、星团及宇宙中，其质量远大于宇宙中全部可见天体的质量总和。结合宇宙中微波背景辐射各向异性观测和标准宇宙学模型可确定，宇宙中暗物质占全部物质总质量的85%，占宇宙总质能的26.8%。

2009年，纽约大学物理学家刘佳在一篇论文中提出了一种可能性：将暗物质视为一种能源，为执行超远程任务的航天器提供所需动力。刘佳的理念是基于一个尚未得到证实的假设：即暗物质是由中性微子（Neutralino）所组成的，并且不携带任何电荷。无独有偶，中性微子恰巧也是反粒子

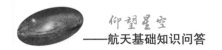

（antiparticle），这意味着当它们在适当的环境下发生碰撞时，便会相互发生湮灭，并将其所有的质量转化为能量。

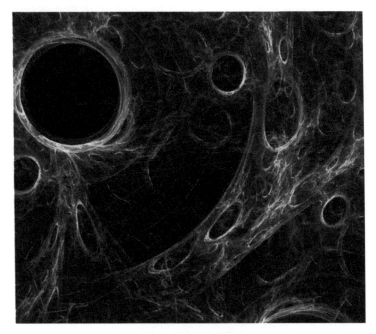

图2　暗物质幻想图

如果上述理论得到证实，那么将意味着：一磅暗物质所产生的能量，近乎是等量炸药的50亿倍。根据相关研究，这意味着暗物质反应堆将产生足够的动力，能够推动航天器穿越宇宙，并且该反应堆有一个足够大的"核心"，能够使飞船以接近光速的速度飞行。

暗物质引擎的优点是航天器不需要携带太多的能源，因为它能够从暗物质含量高的部分宇宙空间中收集更多的能源。火箭速度越快，引擎吸收暗物质的速度就越快，加速也越快。理论上一艘100吨的航天器，在几天内就能够加速至光速。

我们要向另一颗星球发射航天器，通常有两种方法，一种是使用蛮力，用大推力的火箭和大量的推进剂把航天器直接推上去；另一种办法是使用"巧力"，充分利用每一个星球对航天器的万有引力，包括重力辅助作用来为航天器加速。

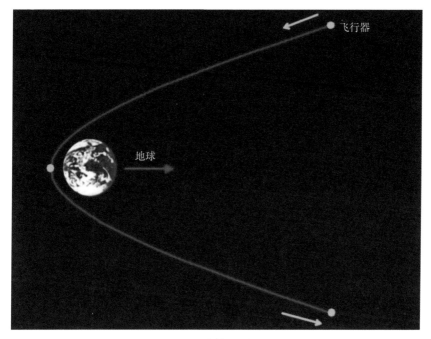

图3　引力辅助示意图

我们知道，当一个航天器的速度大于 11.2 千米 / 秒时，它可以逃离地球，这一速度被称为第二宇宙速度。但第二宇宙速度并不能够让航天器飞得很远，因为太阳的引力十分巨大，航天器需要达到 16.7 千米 / 秒（第三宇宙速度），它与地球的速度叠加才能逃离太阳。

航天器在太空向外飞行时，由于受太阳引力的影响，它的速度会不断下降，最后还是要被太阳拉回来，这就需要航天器不断加速来加以摆脱。航天器携带的推进剂有限，我们需要它从外部"借力"。

航天器在星球引力作用下，如果在恰当的位置加速就会甩出去，以达到加速的目的。对于星际间的旅行，使用太阳作为借力天体是可行的，如原来在太阳系内的天体就可在飞掠太阳时获得速度增量，从而开展它的银河系之旅，其速度增量来自于与太阳运行轨道速度之间的能量交换，但是这种星际间旅行所需的时间超出了人类的承受范围。

综上所述，目前来看，人类实现超高速星际旅行的可能性微乎其微。但正如科学家所坚信的，不久的将来，我们一定会有所突破。

参考文献

［1］ 文史掠影.我国古籍中两次关于"虫洞"的记载，进入虫洞的人都穿越了几百年［EB/OL］．［2020-08-21］.https://baijiahao.baidu.com/s？id=1597881379540124621&wfr=spider&for=pc.

［2］ 小昊科技.使用暗物质作为动力或能让人类实现超光速［EB/OL］．［2020-08-21］.https://www.sohu.com/a/215997930_100099477.

［3］ 游戏东西.虫洞真的可以被用来星际旅行？科学家分析后告诉你答案！［EB/OL］.［2020-08-21］.https://new.qq.com/omn/20190519/20190519A0I3U3.html？pc

［4］ 老粥科普.引力弹弓只是加速运动？它能做的还有很多［EB/OL］.［2020-08-21.https://baijiahao.baidu.com/s？id=1647446333441890510&wfr=spider&for=pc.

72 机器人与休眠舱

在电影《星球大战》系列中，可爱又聪明的 R2-D2 是人们对未来的一种幻想。事实上，科学发现及科技进步会促使幻想成真，未来的人工智能可能使得机器人有能力独立策划并执行十分复杂的任务。

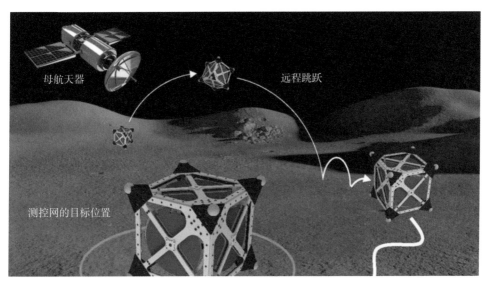

图 1　小行星着陆探测机器人示意图

利用机器人探索太阳系寻找生命迹象的最大困难在于，它们无法像人类一样有效地进行直观甚至创造性的决策。

2017 年 12 月，NASA 正式宣布在一个恒星周围发现由 8 颗行星组成的行星系统——开普勒 -90 星系，科学家有史以来第一次发现了一个和太阳系类似的有 8 颗行星的星系。这次发现离不开 AI 的助攻，NASA 利用谷歌的机器学习分析开普勒太空望远镜的数据，实现了更高的分析效率。

20 世纪 90 年代中期，利用决策树的决策模型，喷气推进实验室（JPL）创建了天空图像分类和分析工具（SKICAT），并利用它帮助 NASA 在 20 世

纪 80 年代初进行的第二次帕洛马山脉调查中发现的物体进行自动分类。只要 SKICAT 获得足够多的图像来进行训练，就能够对调查中成千上万个模糊、低分辨率的物体进行分类。

JPL 在 ASE 和其他项目上的工作给了 NASA 信心，认为人工智能可以在毅力号探测器上发挥重要作用。毅力号探测器在火星上寻找生命迹象时，在选择研究和实验目标时拥有相当大的自由度。

除此之外，星际穿越离不开长期的旅行。科幻作家想出了一种应对长期旅行的方法，即停止人体新陈代谢，维持人体生命，随时唤醒休眠的人体。

技术上的人类低温休眠，是指在极短的时间内，将人冷冻在零下 196 摄氏度的环境中，让细胞停止活动，无限延长生命周期。从理论上来讲，低温休眠是可以做到的。但是就目前的技术而言，人类还是不能实现唤醒功能。

图 2　休眠舱概念图

人类低温休眠存在如无法通过锻炼防止骨质丢失和肌肉退化等问题，科学家的研究关注于如何防止这一问题。其中一个可能的解决方案就是借助机械设备自转以产生人工重力，人的无反应状态可能使得这一策略更加有效。旋转速率决定了产生的重力大小，一般来说，旋转速率必须非常慢，因为太快了会让人觉得恶心。这些年有相关领域的科学家正在研究动物以寻求灵感和想法。然而，在相当长的一段时间内，休眠舱恐怕还是科幻电影中的想象。

参考文献

［1］ 澎湃新闻.我们终于实现了《星球大战》中的人工智能吗？［EB/OL］.［2020-08-21］.https://www.thepaper.cn/newsDetail_forward_1593215.

［2］ 36氪的朋友们.想造出来《星际穿越》中机器人 Tars，还有哪些难题？［EB/OL］.［2020-08-21］.https://36kr.com/p/1641957605377.

［3］ 马晓鸽.《星际穿越》中提到的长期休眠方式，现实中可能实现吗？［EB/OL］.（2015-10-01）［2020-08-21］.https://www.zhihu.com/question/26592188/answer/64102902.

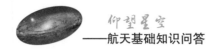

73 什么是空间太阳能?

随着社会的快速发展,人类对能源的需求越来越大。但由于传统的自然资源有限,可维持利用的时间越来越短,目前全球都存在一定程度的能源危机。能源不仅关乎着世界经济的发展,同时也决定着未来人类的生存,因此解决面临的能源危机迫在眉睫。

为了应对能源危机,人类提出了采用新能源代替传统能源,并将其付诸行动。目前人类所能采用的新能源有风能、太阳能和核能。但由于核能发电所需的天然铀资源储量有限,并不能解决长久的能源问题;风能、太阳能受地域影响较大,且提供的能源有限,不足以满足未来人类对能源的需求。为了解决能源危机,人类迫切需要一种能持续提供的大量的新能源,因此空间太阳能逐渐被人类重视起来,并尝试开发和利用。

空间太阳能与现在人类所采用的太阳能有什么区别呢?空间太阳能的收集要通过太阳能收集器。其基本原理是将太阳能收集器运送到太空中,太阳能收集器在特定轨道上运行,将收集到的太阳能以微波或激光的形式通过无线传输技术传送到地球,地球表面的工作站吸收后,将其转化为电能。相比于地球上使用的太阳能,空间太阳能具有以下优点:①能量高、效率高。相比于地球表面上的太阳能,空间太阳能没有大气层的阻隔,所含的能量高。位于太空的太阳能收集器直接接收空间太阳能,其能量的转化效率更高。②具有持续性。由于太阳能收集器在太空中的特定轨道上运行,因此不受昼夜和天气的影响,可持续收集太阳能并传输,从而保证能量的持续供应。当然,空间太阳能发电受当前技术的限制,也有一些缺点,如成本高昂、维修困难、对设备的要求高等。

为了开发利用空间太阳能,各国的科学家都在不断地努力和尝试,并取得了一定的进步。美国和日本在这方面一直处于领先的研究地位,并计划将空间太阳能用于向地球供能。

图 1　空间太阳能收集器示意图

早在 20 世纪 90 年代，JAXA 的前身宇宙开发事业团就设想将空间太阳能转化为近红外线并加以运用。随着进一步的研究，目前 JAXA 计划采用"三步走"战略实现对空间太阳能的利用，具体如下：把空间太阳能转化为激光；利用激光将空间太阳能中蕴含的能量传输到地球；在地球表面利用专门的机器将接收到的激光用于制造氢。氢是一种非常理想的清洁能源，用途广泛。若 JAXA 在这三个方向的研究都取得成功，则预计能传输 100 万度的近红外线激光到地球，相当于 50 万个家庭的用电量。

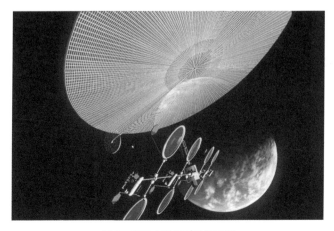

图 2　空间太阳能利用假想图

美国在这方面同样进行了深入研究。有趣的是，美国等一些国家计划利用空间太阳能的方式和日本不同，他们计划直接建造太空发电站，由在太空运行的太阳能发电卫星收集空间太阳能并将其转化为电能，然后用微波束将转化的电能带回地面，地面的接收电站接收微波束后再转化为电能。早在20世纪70年代，美国就计划采用这种方式开发空间太阳能，计划建立一座重达5万吨的太空发电站，其中太阳能电池板的展开面积达50多平方千米，若依靠当时的航天运输能力，大概需要运送1000多次才能将发电设备运送至太空，可见其工程量之大，所需成本之高。正因为如此，该计划才没有真正实施，但却打开了人类开发空间太阳能的大门。此外，2014年3月，美国海军工程师公布了"从太空获得能量束"计划，其中猜想采用一个足够大的巨型空间太阳能模块，则可以持续地将太阳能输送到地面。为此，美国海军工程师特意进行了太阳能模块测试，以验证计划中猜想的可行性。

在未来，人类对空间太阳能的开发充满了希望。以日本为例，日本清水公司计划在未来建造一条巨大的"月环"，通过"月环"将空间太阳能传输到地球，从而实现新能源的持续且无限利用。按日本的计划，需要围绕月球10944千米长的赤道铺设一条宽度达400千米的太阳能电池板带，从而确保太阳能电池板带能始终吸收空间太阳能。太阳能电池板带收集空间太阳能后可转化为电能，再通过微波束将其输送到地面，再由地面接收站转化为电能。按照计划，机器人在建设"月环"过程中将发挥重要作用，如进行场地平整、组装机器和设备等，这都需要通过科学家的远程遥控——完成。若在未来能实现该计划，巨大的"月环"太阳能发电站将产生惊人的电量，据估计每年的发电量可达13万亿度，相当于全球用电量的30%。

目前，空间太阳能的利用依旧停留在计划和探索中，并没有真正实现实际应用。其原因主要有以下三点：①建造成本高。要在太空建立巨型发电站，则需要将太阳能收集器、光伏电池、微波转换装置等运送到太空，然后进行装配，这需要极高的成本。②无线传输效率低。目前研究较多的是采用微波进行能量输送，虽然微波容易穿透大气层，但传输的能量损耗非常大，传输效率只有 10% 左右,所以要想实现空间太阳能的利用,无线传输效率必须提高。③高强度辐射。随着微波传输的不仅有能量,还有高强度的辐射,这可能对地球上的生物或环境产生一定的影响。

随着科技的不断发展和突破,目前面临的难题或许在未来都能得到解决,空间太阳能也将得到实际利用,困扰人类的能源危机将得到真正解决。

参考文献

[1] 苗玉金.太空太阳能发电站[J].农村电工.2005,13(4): 43.

[2] 万佩华.开发太空太阳能[J].百科知识.2010(3): 21–22.

[3] 李忠东.新型太空太阳能电站设计展示[J].太阳能.2012 (24): 43.

[4] 观潮.美国大力发展太空太阳能发电站[J].华东电力.2008,36(8): 145.

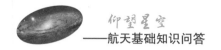
74 未来太空飞船设想

对于人类来说，地球终究不是永恒的家园。早在 20 世纪 70 年代，来自普林斯顿大学、NASA 艾姆斯研究中心和斯坦福大学的物理学家们就开始未雨绸缪，勾画了人类未来的太空家园。他们设计了三种不同类型的大型轨道飞船。

方案一是甜甜圈状飞船，在飞船内部，房屋建筑和灌木丛等星罗密布，中间则流淌着一条贯穿整座飞船的河流。

图 1　方案一甜甜圈状飞船示意图

方案二是塔状飞船，可容纳 10000 人。在飞船顶部设有一座无线电塔，用于飞船之间的通信。这里会划分出不同的区域，比如下面的多层管道被用作养殖场。在飞船的中心安装着发动机，整个飞船会在太空中旋转，用离心力模拟重力。

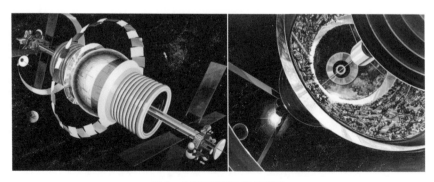

图 2　方案二塔状飞船示意图

方案三是筒状飞船，它有着容纳 100 万人的雄伟目标。这些都是 20 世纪 70 年代的构想，当时 NASA 还曾预计人类将于 2060 年前往首个太空移民地，而最终将会有无数人进入到数以百万计的太空移民地。

图 3　方案三筒状飞船示意图

参考文献

［1］　40 年前人类"太空家园"设计图曝光 . 新华网 .

［2］　36 氪的朋友们 . 想造出来《星际穿越》中机器人 Tars，还有哪些难题？［EB/OL］.（2014-11-20）
　　　［2020-08-21］.https://36kr.com/p/1641957605377.

［3］　马晓鸽 .《星际穿越》中提到的长期休眠方式，现实中可能实现吗？［EB/OL］.（2015-10-01）
　　　［2020-08-21］.https://www.zhihu.com/question/26592188/answer/64102902.

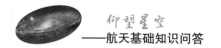

75 月球移民的构想

拜访宇宙中的其他天体是人类长久以来的梦想，人们甚至希望能够移民太空。月球以其特有的优势成为了太空移民的候选目的地之一，科学家们一直以来致力于探究月球上与生命活动有关的迹象，研究月球移民构想的可行性。

科学家能够在茫茫宇宙中选中月球作为移民目的地有它固然的道理。首先，月球具有其他星球无法比拟的距离优势。月球作为离地球最近的天体，移民开销较低。如遇到紧急情况，月球基地能在短时间内得到地球的支援。距离优势还体现在信号传输上，无线电信号在月球和地球间往返只需要不到3秒的时间，信号延迟短。其次，月球上没有大气层。从天文研究的角度看，这就为建造大型天文台提供了绝好的台址。最后，月球上的引力小，因此人们能够在那里建造非常大的设备。

事实上，人们对于月球的探究从17世纪就开始了。1609年，托马斯·哈里奥特（Thomas Harriot）成为使用望远镜观测天空并绘制月球地图的第一人，他完成了首张月球地图的绘制。1969年，美国阿波罗十一号飞船载人登月成功，全世界有6亿人通过电视转播收看了这历史性的一幕。阿姆斯特朗在月球上留下了第一个脚印，迈出了人类的一大步，谱写了人类在探月进程中辉煌的一页。

近几年内，中国嫦娥工程的顺利实施也让人们对月球的了解越来越深入。即使如此，移民月球仍然存在着诸多困难。月球的情况并没有我们想象中那么好：月球没有大气层的保护，其球面白天的温度可达180摄氏度，而夜晚则低至 -170摄氏度；月球表面布满坑洼，并且表面容易遭到陨石的撞击；月球的一天约相当于地球的一个月，在月球上的植物和移民要经历300多个小时的白天和300多个小时的黑夜；月球上低引力的空间容易引发人体肌肉和骨骼萎缩。

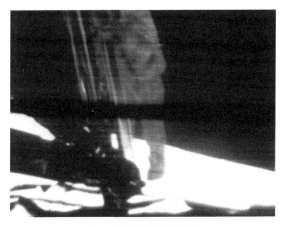

图 1　登陆月球的场景图

移民月球除了技术上的困难之外，政治上的问题也会随之出现。当一个国家移民月球之后，它就宣布了对基地及其周围地区的领土主权。但一个国家能够宣布月球上多少领土的主权？第一个建立月球基地的国家能够宣布整个月球都属于它吗？多个国家同时移民是否会因主权问题产生暴力对峙的局面？尽管存在这么多困难，人类想要移民月球的愿望从未停止。

图 2　月球移民示意图

2016 年，ESA 负责人曾详细阐述了在月球上建立一个村庄的计划。利用月球土壤当建材，3D 打印建造居住舱，吃月球泥土种出来的蔬菜。

随着月球水资源的探索，也许未来的月球移民可以就地取水，无需再从地球携带。月球村计划人表示，到 2040 年，移民月球的人数能增至 100 人，到 2050 年，可能扩展至千人。目前预估，整个月球村将花费约 100 亿美元。

让我们一起来憧憬一下"月球村"的诞生吧！

参考文献

［1］ Naming Astronomical Objects: Spelling of Names. International Astronomical Union.2010.

［2］ Barnhart Robert K. The Barnhart Concise Dictionary of Etymology. USA: Harper Collins. 1995.

［3］ Lucey P. Understanding the lunar surface and space-Moon interactions. Reviews in Mineralogy and Geocheistry. 2006，60: 83-219.

［4］ Tourma Jihad，Wisdom Jack. Evolution of the Earth-Moon system. The Astronomical Journal. 1994，108(5): 1943-1961.

76 如何改造火星?

谈到如何改造火星,那就先说说人类为什么要"驯化"火星。目前主流的思想有四种:其一,人口输出论,考虑到地球上的人口越来越多,不可再生资源越来越少,环境总体来说越来越差,生活质量面临下降,因此应该寻找出路,将地球上过多的人口输出到其他星球上。而在太阳系中,能够接收地球上过多人口的其他行星可能就是火星。其二,保留人种论,地球难免会发生灾难性突变,如小行星撞击地球可能会使人类像6500万年前的恐龙一样遭受灭顶之灾。在这种情况发生之前,如果人类对火星进行改造,给自己留条后路,可保留人种,在火星上繁衍生息。其三,火星还原论,认为火星上有大量的水,在几十亿年以前火星还是一颗到处布满水的行星,其过去的环境跟地球一样,这种环境完全适合生命的存在。因此人类改造火星的目的就是要恢复火星过去的环境,还原其本来面目。最后一个是人类进取论,人类对火星的改造是由人的本性决定的,因为人总是不断进取,一直在为扩大自己的生存空间和改造周围环境而努力,使之适合于自己的需要。

图1 火星基地示意图

那么，改造火星我们可能需要解决哪些科学技术问题呢？改造火星涉及方方面面，人们曾经提出如下的设想。

1）提高火星表面温度，人们曾设想在空间轨道上建造一系列大型反射镜，将阳光反射到火星表面来加热火星。

2）增加火星大气浓度，改变大气组分。与地表升温同步，将极冠水冰和干冰部分溶解或升华成气态，释放出 CO_2。为了增加 O_2，可将地球极地雪山抗旱、抗寒、抗贫瘠的低等自养绿色植物移植到火星，逐步绿化火星。火星太阳光辐照强度不及地球的一半，可用人工电光源补充，以增强植物光合作用来释放 O_2。遍地的氧化铁就是丰富的氧源，可通过工业分解来释放 O_2。还可考虑以工业生产方法释放 O_3，以抵抗太阳紫外线辐射。氮需要量最多，要增加氮量可能最困难。要使火星环境与地球环境完全一致是不可能的，只能改造成拟地球环境。

3）建立火星表面生态环境。从地球运去大批充气透明塑料屋作火星暖棚（顶层镀上金属涂层抗太阳紫外线），同时选择地球极地冻土带和雪山耐寒、耐旱、耐贫瘠的低等自养绿色植物作为登陆火星的先锋植物，如冰雪藻类、冷水鹿角菜、雪地苔藓、地衣、石松蕨等。通过生物风化作用，干燥贫瘠的土石变成含水的土壤之后，再移植一些抗寒抗旱的蕨类、松柏科、菊科、莎草科植物。将来环境有所改善，再移植灌木、花卉到室外，逐步建立火星绿洲、草原，形成良好的生态环境。

4）建立火星农牧业，解决粮副食品自给。设计初期火星农业是温室农业，作物和禽畜是转基因或基因变异后的抗旱抗寒品种，谷类、薯类、蔬菜、果树、蜜蜂、家禽、家畜须针对环境选择。火星大气中丰富的 CO_2 有助于农作物丰产，但室内太阳光太弱，须增加电光源辐照设施。农作物和禽畜生命力较脆弱，须待火星气温、水分、土壤、肥力等环境改造到一定程度，才能发展室外的农牧业。

5）建设能源和原材料工业设施。建核电站、液氢和液氧工厂（解决车辆、机械及回航火箭能源问题）以及大规模太阳能、电能、风能设施；开采金

图 2　植物改造示意图

属矿藏，提炼金属材料；采挖石块、黏土，建筑厂房。火星能源和材料只能就地取材，如果靠地球提供，成本太高，以目前的空间运载能力也不可及。

6）建设人类生活基础设施。建居民区房舍，确保供暖、供水、供电；修筑道路、车场、火箭发射场，确保交通畅通；建设仓库，储备粮食、饮用水和生活物资，为接待地球旅行者甚至定居者做好准备。

图 3　火星基地示意图

美国科研组织"火星协会"创始人、美国工程师罗伯特·祖布林提出了用1000年时间将火星改造成"绿色星球"的惊人设想。

100年后：火星"全球变暖"。火星上的温度相当低，平均温度是零下63摄氏度，夜里更是会降到零下140摄氏度。科学家相信，火星永久冻结带的土壤中存在大量的固体二氧化碳，一旦火星气候变暖，这些二氧化碳将被释放到大气中，使火星大气增厚，压力增加。有了二氧化碳气体，植物将可以在火星上生存，从而生产出人类赖以生存的氧气。火星变暖还将融化火星永久冻结带的冰，产出生命赖以生存的水。改造火星计划的第一步是让火星变暖。与地球正在努力遏制温室效应不同，人类将要在火星上制造一场"巨大的温室效应"。

200年后：释放火星土壤中的大气。现在的火星上只有稀薄的大气，但在30亿年前，火星的表面包围着厚厚的二氧化碳大气层。由于火星变冷，大部分二氧化碳都被土壤吸收冷冻起来。当人类完成改造火星第一步后，温暖的气候将使这些二氧化碳释放出来。祖布林表示，"土壤中释放出来的二氧化碳可以在20年内让火星温度再升高5.6摄氏度，这时候一些冰开始融化成水，水也开始蒸发，并形成雨雪等天气现象"。根据他的计算，到2200年，火星表面将拥有0.1个大气压的二氧化碳。

600年后：火星上出现氧气。600年后，当微生物在火星表面制造出足够的有机土壤并且向大气中释放出一定的氧气后，人类可以将那些在南极洲极端气候中仍然能够存活的微生物和苔藓带到火星上繁衍，微生物、藻类、苔藓都可能会在火星岩石上生存。人类将可以向火星表面移植一些开花植物，针叶或温带林木最后将可能在火星上生根。植物的生长，意味着火星上将会产生更多的氧气，光合作用将会使越来越多的二氧化碳变成氧气。

1000年后：人类可以在火星"绿洲"上散步。在火星环境改造到人类可以耐受的情况下，以及火星基础设施建设、生活资料生产已具规模的条件下，可考虑火星旅游或移民。将火星改造成为一个适宜人类生存与发展的绿色星球的远景是美好的，但谈何容易。工程之大、成本之巨、技术难度之高、步骤之复杂，是可想而知的！这需要人类通过艰苦卓绝的努力才能实现。

参考文献

［1］ 美放弃返月全心登火星，被质疑失去航天领跑地位.网易新闻.

［2］ 火星移民 100 名入选火星移民候选名单.腾讯网.

［3］ 靠赚足眼球来吸金火星移民成真人秀？.人民网.

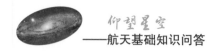

77 我们离火星移民有多远?

开辟人类的第二家园,火星是首选之一。火星与地球存在着许多相似之处,依据现在的科学观测,曾经的火星也存在过河流湖泊。19世纪以来,人类对火星的探索欲望不断增强,环绕、着陆、巡视等探测方式越来越多。终极梦想,就是人类能够在火星上长期生存,实现火星移民。那么移民火星,我们需要哪些技术呢?

图1 火星漫游设想图

登陆技术。火星具有稀薄的大气层,由于通信延迟等问题,登陆火星的过程难以通过地面进行指挥,只能靠航天器的自主操作。"黑色7分钟"就是描述火星登陆这一阶段巨大风险。迄今为止,成功应用到火星登陆的技术包括:可压缩的着陆支架缓冲着陆、降落伞减速加上气囊的地表弹跳缓冲、太空起重机技术。

能源需求。火星上的太阳光很弱,仅仅靠太阳光伏发电来维系火星基地的建设有所牵强，所以未来火星能源供应的方式，必将是综合性的。其中核能将是火星基地建设的一大助力，在现有的深空航天器中，就有许多用核能供电。除此之外，火星的风能以及可能存在的地热能都将为未来火星基地的建设提供能源支持。

原位资源利用。频繁的地球和火星往返将会带来巨额的物力、财力消耗，因此尽可能地在火星上自给自足是未来火星基地建设需要解决的一大问题。除了利用火星上的水冰、大气等资源来生产人类生存的必需品水、氧气等，还需要考虑对火星玄武岩以及矿产资源的开发利用，实现工业零件的自产自用。

火星基地建设作为一个系统工程，是航天综合能力的体现。除以上技术外，还需要火箭运载、载人航天、生物技术以及辐射防护等各领域综合发展。

图 2　火星植物种植舱设想图

目前，世界上的航天大国都在规划火星探测活动。在人类探索火星的欲望推动下，火星探测从早期的飞越探测，逐步过渡到环绕、着陆、巡视以及规划中的取样和载人登火等活动，而且火星探测带来的不仅仅是科学上的成果，还带动相关技术的发展，推动着整个人类科技文明的不断进步。

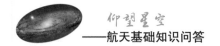

参考文献

［1］　郑永春.2030：火星移民路线图［DB］.中科院物理所 https://mp.weixin.qq.com/s/HxAWS7uHfxU
　　　　4xL0YGOKjWw.

［2］　赵剑琳，译.火星移民不是梦［J］.环球科学，2019(16): 66-67.

［3］　人类是否能够保护好火星，充分利用火星上的资源？［DB］.https://new.qq.com/omn/20190710/
　　　　20190710A08J8D00.html.

［4］　新太空建筑设计：外太空建筑的六大挑战［DB］.https://www.sohu.com/a/360476025_120341158.

78 未来的星际旅行

1961 年，加加林成为进入外层空间的第一人。8 年后，阿姆斯特朗和奥尔德林成功登陆月球。这是人类目前所到过的最远距离。除了预算问题和政治意愿之外，最大的障碍是我们目前的空间飞行技术无法实现长距离的深空飞行。

因此，如果我们真的想进行深空星际旅行并且前往比邻星以及更遥远的地方，那么就需要新的技术。下面将介绍其中有趣又值得探究的 6 种新技术。

（1）离子推进

传统的火箭通过向后喷射气体来向前推进。离子推进器使用相同的原理，但与喷射高温气体不同，它们喷出的是带电粒子（离子）。由此产生的推力非常微小，但关键的一点是，对于产生相同的推力而言，离子推进器所需的推进剂要比传统火箭少。如果它们能长期稳定地工作，最终也能把飞行器加速到极高的速度。

一些探测器已经采用了离子推进器，例如日本的隼鸟探测器和 ESA 的 SMART-1 月球探测器。并且这一技术正在不断完善。其中特别有希望的是可变比冲磁等离子体火箭（VASIMR）。和通常采用强电场加速离子的离子推进器不同，VASIMR 使用无线电频率发生器（并非类似无线电广播的发射器）来把离子加热到 100 万摄氏度。

（2）核脉冲推进

美国国防部高等研究计划局（DARPA）曾经在代号为"猎户计划"的项目中认真地研究了核脉冲推进。其目的是设计出一种快速的行星际旅行方案。即便以现在的标准来看，DARPA 的设计也非常"巨大"，它需要建造一个巨大的激波吸收器，外加一个用于保护乘客的辐射防护罩。这看上去似乎能奏效，

图 1　离子推进示意图

但引人关注的是如果它在大气层中发射失败的话，后果将不堪设想。当首批核试验禁令颁布以后，这一计划最终于 20 世纪 60 年代被取消。

　　虽然有这些担心，但是"猎户计划"的设计仍然是现有的技术可以达成的，一些科学家仍然在继续提出新的核脉冲推进方案。理论上，一艘由核脉冲驱动的飞船速度，可以达到光速的 1/10，这使得到距离我们最近的恒星只需要 40 年。

（3）核聚变火箭

　　核脉冲推进并不仅仅是空间飞行技术，还要依赖核能。核动力火箭可以利用火箭上的裂变反应堆所产生的热量来喷射气体提供推力。但是就威力而言，它根本无法和核聚变火箭相比。

　　通过原子之间的聚合，核聚变可以释放出巨大的能量。绝大部分的聚变反应都采用被称为"托卡马克"的装置把自身束缚在磁场中。不幸的是，托卡马克装置都极为笨重，因此核聚变火箭都专注于另一种触发核聚变的方法，被称为"惯性约束聚变"。

在惯性约束聚变中，高功率能量束（通常为激光）取代了托卡马克中的磁场。通过剧烈引爆一小块燃料弹丸导致外层爆炸，进而推动内层物质触发核聚变。随后磁场会被用来引导所产生的高温等离子体从飞船尾部排出。

20 世纪 70 年代英国行星际学会详细地研究了这一类型的核聚变火箭，它们可以在 50 年内（对于人类而言这一时间跨度尚可承受）把人类送往另一颗恒星系统。

（4）星际冲压发动机

所有的火箭，包括核聚变火箭，都存在相同的问题。为了获得更高的加速度，就必须携带更多的推进剂，这就使得飞船变得笨重，影响加速。因此，如果要进行星际旅行，就必须解决这一矛盾。

1960 年，物理学家罗伯特·巴萨德（Robert Bussard）提出的星际冲压发动机能够解决这个问题。它通过电离周围宇宙空间中的氢，并且使用"电磁网"，将它们吸入飞船作为燃料。

（5）太阳帆

这是解决推进剂携带问题的另一技术，但代价是时间。

就如借助地球大气层中风能的风帆，太阳帆汲取的是太阳光中的能量。太阳帆已经在地球上的真空室中成功地进行了测试，但轨道测试却屡遭不幸。

2005 年，"宇宙 1 号"发射失败。另一个"纳米帆 -D"也因火箭发射失败而告终。

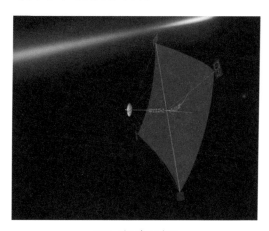

图 2　太阳帆示意图

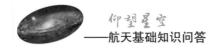

（6）磁帆

作为太阳帆的一个"变种"，磁帆由太阳风推动，而非太阳光。太阳风是自身具有磁场的一股带电粒子流。其想法是，在飞船周围形成一层和太阳风极性相反的磁场，通过磁场间的排斥作用飞出太阳系。

另一种变体则是"空间蛛网"，它使用从飞船延伸出的带正电的导线来排斥太阳风中的正离子。

除了以上 6 种方式，人们还提出其他新式构想，如能量束推进、曲速引擎和超太空折叠等，随着科学技术的不断发展，星际旅行终有一日能够实现。

参考文献

［1］ Hanbury-Tenison，Robin，ed. (2010). The Great Explorers. London: Thames & Hudson. p. 270. ISBN 978-0-500-25169-0.

［2］ Orloff，Richard W. "Table of Contents". Apollo by the Numbers: A Statistical Reference. NASA History Division，Office of Policy and Plans. NASA History Series. Washington，D.C.: NASA，2004. ISBN 0-16-050631-X. LCCN 00061677. NASA SP-2000-4029. Retrieved June 25，2013.

［3］ Mission Report: Apollo 10. NASA. June 17，1969. MR-4. Retrieved September 11，2012.

［4］ JonesBrad，BerganBrad . NASA's New Ion Thruster Breaks Records，Could Take Humans to Mars.

［5］ Defense Atomic Support Agency. Operation Hardtack Preliminary Report. Technical Summary of Military Effects. Report ADA369152. 346–350.

79 可以和地外文明接触吗?

地外文明如果真的存在,人们可以与其接触吗?

人们的忧患意识总会幻想宇宙中存在比人类更加高等的文明。那么,什么是更加高等的文明呢?

1964 年,俄罗斯天体物理学家卡尔达舍夫提出了这样一个理论:他认为人类文明的技术进步与其可控制的能源总量息息相关。根据这条思路,他从低到高确定了银河系中文明发展的三种类型:

类型Ⅰ,该文明掌握行星的能源;

类型Ⅱ,该文明掌握整个恒星系统的能源;

类型Ⅲ,该文明掌握银河系统的能源。

这些高度发达的地外文明的数量以等级的升高而大大递减,也就是说其存在相当罕见。

图 1 高级文明示意图

物理学家弗里曼·戴森认为，人类将在未来的200年内步入第一类文明形态。在此之前，卡尔达舍夫设想，人类将在3200年后进入到第二类文明形态。或许在此之前，我们可能会通过战争而走向自我毁灭或者不自觉地利用纳米技术摧毁我们的星球。也许我们会在解除这些威胁之前，因为小行星和彗星碰撞地球而走向灭亡。我们甚至可能在达到第二类文明之前就遭遇到超越我们文明发展水平的外来文明的侵袭，而这一切犹未可知。如果人类达到第二类文明，很有可能为了争夺星际资源而和其他文明发动战争。

假如我们意外地发现了其他文明，以人类最为科学的状态与之相遇，我们之间到底会发生什么呢？这个问题的答案非常有趣，如果根据《三体》等一些科幻作品推测，那自然是：由于黑暗森林法则，大家会拼命厮杀，为了夺取那最后一点生存的希望，结果最后打得两个文明只能存下一个或者是同归于尽，永远没有合作共处的理由。其实这种想法还是有些偏激，我们可以从人类自身的生存发展角度来推理，人类和外星人的相遇未必会那么凶残，甚至有人认为黑暗森林不是一个必然的选择，只是一个小概率现象。

参考文献

［1］ 汪诘.人类是否应该主动呼叫外星文明［J］.科普创作.2018（2）:58-65.

［2］ 黄剑明.无线电：人类探索外星文明的触手［J］.上海信息化.2016（11）:60-63.

［3］ 赤纬.外星文明的宇宙加速器［J］.大科技（科学之谜）.2015（6）:14-15.

［4］ 岑夫子.寻找外星文明的新思路［J］.大科技（科学之谜）.2014（3）:16-17.

［5］ 黄剑明.人类无线电时代的文明不足于寻找外星文明［J］.科技信息.2011（29）:489+751.

相关链接

漂浮的微生物如何生活在金星的酸云中？

说到生命的潜在居所，人们通常不会想到金星，因为那有硫酸组成的浓云和炼狱般的地表温度。但是一些行星科学家认为，有些生存在大气中的微生物可以在金星上较低的云层中生存，这或许也可以解释金星上神秘的大气现象。所谓较低的云层，大概漂浮在金星闷热地表以上约48~60千米的高度，按理说具有相对宜居的温度、养分，甚至还有溶于硫酸液滴中的少量水分。

最近，一个由麻省理工学院天体物理学家带领的小组提出一种新的生命周期，可以帮助微生物在金星的大气中生存，他们率先提出这种特别的机制。根据这种机制，微生物可以生存于金星的薄雾和云层中间，而不会随着雨水落到炙热的地表。该团队还概述了金星上的微生物如何在不同的大气层之间循环，又以进入休眠状态的方式来渡过最极端的环境。

该团队的假设是，金星上的生命可以以代谢活跃状态（即成长和繁衍状态）生存于较低云层的硫酸云滴中。在接下来的几个月里，硫酸云滴也会跟地球大气中的水滴一样，变得越来越重。最终，它们会变得足够大，然后从较低云层中像"下雨"一样落下。落到哪里呢？当然是金星上更低位置的薄雾层。

薄雾层位于地表上方33~48千米的高度，比再往上的云层要炙热很多。薄雾层的温度范围在77~187摄氏度之间。研究人员假设，硫酸云滴在落向这个温度极高的薄雾层的过程中，会蒸发。

没有了液滴的保护，假想的微生物会经历代谢转化，进入保护性休眠状态，以在极端高温和脱水的情况下生存下来。研究人员将这些休眠的微生物称为"孢子"。孢子可以继续存在，漂浮在金星上更低的薄雾层中。但是孢子不会永远漂浮在那里。最终，金星的大气上升气流会将孢子吹回温带云层。在那里，补充到水分的孢子会苏醒，进入活跃状态。

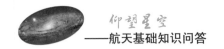

80 宇宙未来与人类命运

正如有人说："我不想知道我是怎么来的，我只想知道我是怎么没的。"要预测宇宙的未来，宇宙学家需要回头去看，回到扩张的起点、物质的起点、能量的起点。从大爆炸的角度来讲，宇宙起源于一个密度极大、温度极高的奇点，经过大爆炸后宇宙不断膨胀，温度逐渐降低，所有能量、空间、物质和所有构成宇宙的元素，都在大爆炸过程中被创造出来。

关于宇宙未来的去向，从宇宙的空间几何结构和暗能量性质来考虑，关于宇宙终极命运的假说主要有"大撕裂""大冻结""大坍缩"和"大吞噬"，但这些假说无一例外，都表明宇宙最终会走向灭亡。

第一种是"大撕裂"假说。宇宙的空间结构，包括平直、闭合和开放3种可能性，可以分别类比于平面、球面和马鞍面。而暗能量则是一种充满于宇宙空间、增加宇宙膨胀速度的能量形式，暗能量的性质通常用它的状态方程（即压强和密度的比值）来刻画，不同的暗能量模型下暗能量的状态方程不同。

由此，"大撕裂"假说认为如果暗能量是密度会随着时间增加而增加的"幽灵暗能量"，那将导致宇宙膨胀的速度越来越快，随着宇宙的不断膨胀，宇宙中的所有物质（甚至时空本身）最终都会被逐渐撕碎，瓦解成不受束缚的基本粒子和辐射。

暗能量的确是宇宙间最神秘、最丰富的能量形式之一，约占宇宙68.3%的质能，但物理学家对它却知之甚少。在20世纪90年代发现暗能量之前，物理学家认为因大爆炸而产生的宇宙膨胀正在减缓甚至停止。此后，通过对超新星的观测，天体物理学家们才意识到其实宇宙膨胀正在加速。

马特·皮尔解释说，年轻时期宇宙的生长因引力的影响而变缓，但在过去50亿年时间里，宇宙却开始快速膨胀，原因就在于暗能量。如果暗能量不断增强且持续扩散，就会推动星系相互分离，紧接着推动行星远离恒星，并造成一系列类似的变化。最终，暗能量会强大到把原子核从原子中撕扯出来，并撕裂宇宙间存在的一切，使宇宙分崩离析。

图 1 "大撕裂"假说示意图

第二种是"大冻结"假说。这种假说认为宇宙最终会演化到一种没有热力学自由能的状态，也就是说宇宙达到一种热力学平衡的状态，同时宇宙温度也将接近于绝对零度，任何宏观物理过程和生命都不复存在。在暗能量存在的情况下，不管宇宙空间几何结构是什么样的，"大冻结"都有可能发生。就算没有暗能量，如果宇宙空间几何结构是平直或开放的，"大冻结"也可能出现。

"大冻结"假说认为在宇宙年龄为 1 万亿至 100 万亿年期间恒星会正常形成，但随后恒星将因所需要的气体被耗尽而停止发光，宇宙将逐渐陷入无尽的黑暗之中，随后黑洞将占据整个宇宙，但接下来黑洞自身也会因为霍金辐射（来自黑洞的光和粒子辐射）而消失，而最后宇宙是一直处于这种"大冻结"的状态，还是走向其他状态，不得而知。

图2 "大冻结"假说示意图

有科学家表示，伴随着宇宙的不断进化——如炽热气体逐渐形成恒星、行星，孕育出各种生命，熵（物理概念，用于度量无序程度）也在逐渐增加。而且一旦宇宙走向无序，就很难停止或反转，就如树木会死亡、金属会氧化一样。熵不断地增加，当宇宙中的紊乱程度达到最大时，"大冻结"就会来临，所有能量将被均匀地分布在整个宇宙内，却不存在可使用的能量，这就意味着不再有能量的消耗过程。从根本上说，宇宙间的一切终将停止运转。

由于人类对暗能量的了解太少，所以至今人类都无法了解暗能量的本质属性，因此，宇宙未来的命运或是"大撕裂"，或是"大冻结"，也有可能是先发生"大冻结"，再进入"大撕裂"。

第三种是"大坍缩"假说。一些科学家认为，如果宇宙内的物质随着时间推移不断减少，大坍缩便会出现，从而导致引力成为主要作用力。引力将导致宇宙发生收缩，其结果是星系间发生相互撞击，从而引发宇宙塌陷，这就是"大坍缩"假说。理论物理学家表示，宇宙内的一些区域已开始塌陷，并且这种塌陷将最终吞噬宇宙其他区域。

"大坍缩"假说认为由于物质的引力作用，宇宙的膨胀速度会不断变慢，最终将停止膨胀并发生坍缩。然而在坍缩之后又将发生什么，尚不能确定。

科学家猜测宇宙坍缩到它的初始状态将再次发生大爆炸，从而使得宇宙处于"大爆炸"到"大坍缩"再到"大爆炸"这样一种循环的状态。不过从目前实际的观测表明，宇宙的膨胀速度不仅不会变慢，而且由于暗能量的作用，膨胀速度在不断加快。简而言之，"大坍缩"假说不具备事实支持。

图3 "大坍缩"假说示意图

第四种是"大吞噬"假说。"大吞噬"假说认为宇宙中的黑洞会逐渐吞噬掉所有天体和物质，并发生大黑洞吞噬小黑洞，最终整个宇宙只剩下一个超级大黑洞。但这种假说说服力不强，其原因有三个：①黑洞只会吞噬掉它周围的物质，而在它视界外的物质是不会被吞噬掉的；②黑洞并不是只会吞噬物质，它同样可以将吞噬掉的物质喷流出来；③在暗能量主导的时期，由于暗能量的负压作用，相距较远的黑洞是不会发生碰撞的，因此不会出现所谓的黑洞互相吞噬的现象。因此要彻底解开宇宙之谜，人类还需要对黑洞进行更深入的研究。

此外，科学家在距离地球100多亿光年外发现了一个神秘的区域，这个区域像被一堵透明的围墙围起来一样，和宇宙其他空间隔绝开来。这个神秘区域存在于波江星座中，跨度长达35亿光年。区域内空无一物，甚至连所谓的暗能量也不存在，是一个完全虚空的空间。此外，这个神秘区域温度极低，非常接近于绝对零度。意味着这个区域可能没有任何热量发出，没有任何原子在运动，是真正意义上的寂静和虚空。在此之前，也有另外的科学家发现过一个跨度为10亿光年的虚空地带，和这个类似，只不过当时并没有形成宇宙墙的概念，直到这一次科学家在波江星座发现了一个跨度达到了35亿光年的虚空地带，科学家才将这二者命名为"宇宙围墙"。这种特殊的结构，目前还不是科学家能够解释的，但是科学家却推测，这种虚空结构之外，或许存在着另外一个宇宙，宇宙之外还有宇宙，而且两个宇宙之间的隔断就是宇宙墙。

综合上面几种关于宇宙未来发展的假说和科学家的发现，从逻辑上讲，他们都有一定的道理，但目前都因缺乏真实且充足的科学依据而不足以准确说明宇宙的未来。人类对宇宙未来的探索也许目前局限于我们现在所处的宇宙，也可能在遥远的未来扩展为对多个宇宙的探索。这也许会衍生出更多关乎人类未来命运的问题，而人类能做的就是一往无前地走下去。

参考文献

[1] 一天下. 宇宙会走向灭亡？［EB/OL］.（2018-04-07）［2020-08-21］.https://m.sohu.com/a/227487287_100099482.

[2] NASA Content Administrator.The Brightest of Stars［EB/QL］.（2008-03-24）［2020-08-21］.https://www.nasa.gov/multimedia/imagegallery/image_feature_1028.html.

[3] 华人环球网. 黑洞蒸发真的会毁了整个地球吗？［EB/OL］.［2020-08-21］.http://www.cvtvcn.com/m/news/4c9492b79d97a1c687a3.

[4] 张书乐. 一亿年以后的未来，人类的命运将会如何？科学家给出了猜想［EB/OL］.［2020-08-21］.https://baijiahao.baidu.com/s？id=1639851324612959206&wfr=spider&for=pc.

[5] 萌大叔. 一亿年后的未来，人类的命运会如何？［EB/OL］.（2019-07-22）［2020-08-21］.http://www.pinlue.com/article/2019/07/2213/369358527335.html.

[6] Allanscyan. 宇宙与人类（三）宇宙命运不可追人类未来犹可谏［EB/OL］.（2018-08-31）［2020-08-21］.https://www.douban.com/note/688567863/？from=mdouban.